风景园林设计专业建设的实践与探索研究

◎江 芳 郑燕宁 徐 冬 丁明艳 著

中国农业科学技术出版社

图书在版编目（CIP）数据

风景园林设计专业建设的实践与探索研究 /江芳等著. —北京：中国农业科学技术出版社，2019. 4

ISBN 978-7-5116-4098-7

Ⅰ. ①风… Ⅱ. ①江… Ⅲ. ①高等职业教育—园林设计—专业设置—研究—广东 Ⅳ. ①TU986.2

中国版本图书馆 CIP 数据核字（2019）第 058596 号

责任编辑 崔改泵　李　华
责任校对 李向荣

出 版 者 中国农业科学技术出版社
北京市中关村南大街12号　邮编：100081
电　　话（010）82109708（编辑室）（010）82109702（发行部）
（010）82109709（读者服务部）
传　　真（010）82106650
网　　址 http: // www.castp.cn
经 销 者 各地新华书店
印 刷 者 北京建宏印刷有限公司
开　　本 787mm × 1 092mm　1/16
印　　张 14.25
字　　数 295千字
版　　次 2019年4月第1版　2019年4月第1次印刷
定　　价 98.00元

前 言

人才培养方案是人才培养的总体规划，体现学校人才培养的指导思想和整体思路。为加强对学校人才培养工作的管理，指导各专业人才培养方案的制订，根据《教育部关于深化职业教育教学改革全面提高人才培养质量的若干意见》（教职成〔2015〕6号）、《教育部办公厅关于建立职业院校教学诊断与改进制度的通知》（教职成厅〔2015〕2号）、《国务院办公厅关于深化高等学校创新创业教育改革的实施意见》（国发〔2015〕36号）以及《广东省人民政府关于深化教育领域综合改革的实施意见》（粤府〔2015〕12号）等文件精神，结合学校人才培养工作实际，提出制订2017级专业人才培养方案的指导意见。指导思想是以科学发展观为指导，以培养创新精神、创业意识和创新创业能力为导向，以提高人才培养质量为核心，以增强专业特色为重点，进一步明确人才培养目标，优化课程体系，推进人才培养模式改革，加强专业内涵建设，增强专业竞争力，提高人才培养质量。

顺德职业技术学院“风景园林设计”专业作为省重点专业具有18年的办学经验，为社会培养了大批风景园林设计专门人才。经过多年的建设与发展，风景园林设计专业建立培养在CDIO工程教育理念原则的指导下，基于创业教育素质与技能并重的教育模式上的，协同创新构建园林技术设计联合体的，以“项目参与式”园林景观创业教育为导向，并在这一人才培养模式的指引下，专业建设取得了显著成绩。该书的主要内容有风景园林设计专业行业人才需求分析、专业办学分析、专业人才培养模式与课程体系整体设计、专业培养方案、核心课程标准、教学改革作品及历年学生优秀毕业设计作品。第一章是风景园林设计专业行业人才需求分析，由江芳撰写；第二章是风景园林设计专业办学，由江芳撰写；第三章是风景园林设计专业人才培养模式与课程体系整体设计，由江芳撰写；第四章是风景园林设计专业培养方案，由江芳撰写；第五章风景园林设计专业核心课程标准，由江芳、郑燕宁、丁明艳、徐冬撰写；第六章是风景园林设计专业教师教学研究教学改革作品及历年学生优秀毕业设计作品。本书的出版还得到了肖大洲老师的帮助，在此表示感谢！

本书可供各大专院校作为教材使用，也可作为从事相关工作的技术人员的参考书。由于作者水平有限，书中错误或不妥之处在所难免，诚恳希望同行和读者批评指正。

著　者

2019年1月

目 录

第一章　风景园林设计专业行业人才需求分析

一、广东省经济建设发展对本专业人才需求的分析

近年来广东省开展创新驱动发展战略、智能制造发展规划、工业转型升级攻坚战3年行动计划，顺德区“十二五”规划中指出在“现代产业之都，品质生活之城，改革创新之窗”，进行地区产业结构调整与升级。按照有利于增强顺德区城市综合服务功能和提升服务业综合竞争力的原则，结合建设“阳光顺德”的战略部署，大力发展面向战略性新兴产业、先进制造业、现代服务业、现代农业、文化产业、社会建设与社会管理等广东省经济社会发展的重点领域。广东省教育厅为贯彻落实国家和广东省中长期教育发展规划纲要精神，适应全省经济社会发展和产业结构优化升级对高素质技能型人才的需求，引导广东省高职院校根据自己的办学定位和发展目标，办出专业特色，重点符合广东省产业发展需要和行业发展趋势、定位准确的专业，打造一批理念先进、定位明确、改革深入、机制灵活、模式创新、特色鲜明、质量过硬的专业作为广东省高职教育重点专业，为广东省高职院校其他专业建设和改革起到示范和引领作用。风景园林设计专业的设置是在顺德地区产业结构调整与广东省创新背景下，适应经济发展和社会建设对高素质应用型人才需求的重大举措。

如今，由于高度工业化、现代化和人口迅猛增长，世界各国都面临一个十分严峻的问题：那就是城市爆炸，自然环境与人工环境生态系统的破坏。为了全人类的长远健康、幸福和欢乐，人类必须与其赖以生存的环境和谐相处，明智地利用自然资源。人类社会的未来，由于人口迅猛增长和对自然资源需求不断增长的严重威胁，在此严峻局面下，仍然要保持生存环境不受破坏，自然资源不致浪费。那就需要有一种与自然系统，自然演变进程和人类社会发展密切联系的特殊的新知识、新技术和新经验，这正是风景园林专业的核心——城市环境的绿色生物系统工程和园

林艺术。因此，时至今日，风景园林依然是世界各国的热门专业。

近年来各地城市化建设速度加快促使绿化市场需求进一步扩大。期间作为行业中坚力量的园林绿化企业，不仅创造出大批优秀工程，更是通过多种渠道提升企业的综合实力，积极争取更高的经济效益。

全国绿化委员会国家林业局印发《全国造林绿化规划纲要2011—2020》（全绿字〔2011〕6号）（以下简称《纲要》）提出，到2020年，城市建成的绿化覆盖率达到39.5%，人均公园绿地面积达到11.7平方米。分析人士认为，随着绿化率提高，园林行业将迎来快速发展。《纲要》提出，城镇建成区绿化覆盖率达到30%，村屯建成区绿化覆盖率达到25%，校园绿化覆盖率达到35%，军事管理区绿化覆盖率达到65.6%。为提高绿化率，《纲要》指出各级政府要逐步加大造林绿化投入力度，落实绿化补贴政策。目前我国园林行业的发展重头在市政园林和地产园林。据测算“十二五”期间，市政园林市场份额将超过5 000亿元。

随着人们生活质量、生活水平的不断提高，绿化及生态环境成为新追求，不仅房地产开发企业在市场竞争中竞相打起了“绿化牌”“景观牌”“生态环境牌”，一些企事业单位也越来越注重环境景观设计，使之“既要与城市环境协调，又要让员工和客户舒畅”，那些既懂得园林绿化景观设计和花卉苗木养护，又懂得“绿色经济”经营管理的人才具有广泛的就业前景。当今世界城市化和花卉产业的兴起，更促进了园林事业的发展。风景园林专业也是培养适应未来城市环境美化要求及发展花卉产业所需人才的专业，随着经济的发展和人们对精神生活要求的提高，特别是中国加入WTO以后，社会对此类人才的需求越来越多，要求越来越高。社会急需大批优秀的风景园林专业人才。

展望未来，环境与发展问题已成为全人类普遍关注的热点，与自然和谐共处、实现人类社会的可持续发展是各国人民的共同愿望。随着世界城市化和城市现代化进程的加快，改善生态环境，保护和利用自然资源，创造优美舒适的人居环境，建设人类美好的绿色家园，实现城市可持续发展，成为当今世界发展的主流。高度重视风景园林设计，全面改善人居环境，努力建设适宜居住城市，不断推进可持续发展战略，是社会发展的客观需求和历史发展的必然选择，也是全人类必须肩负的社会责任和历史使命。

2015年园林绿化各子行业市场容量估算如表1-1所示，广东省各地区城市园林绿化一级资质企业数量如表1-2所示，广东省城市园林绿化一级资质企业分布如图1-1所示。

表1–1 2015年园林绿化各子行业市场容量估算

	地产园林	市政园林	生态修复	总计
市场容量（亿元）	2 184	1 879	756	4 819

表1–2 广东省各地区城市园林绿化一级资质企业数量

	深圳	广州	东莞	惠州	佛山	珠海	中山	汕头	总数
数量（家）	64	44	19	7	5	5	2	1	147

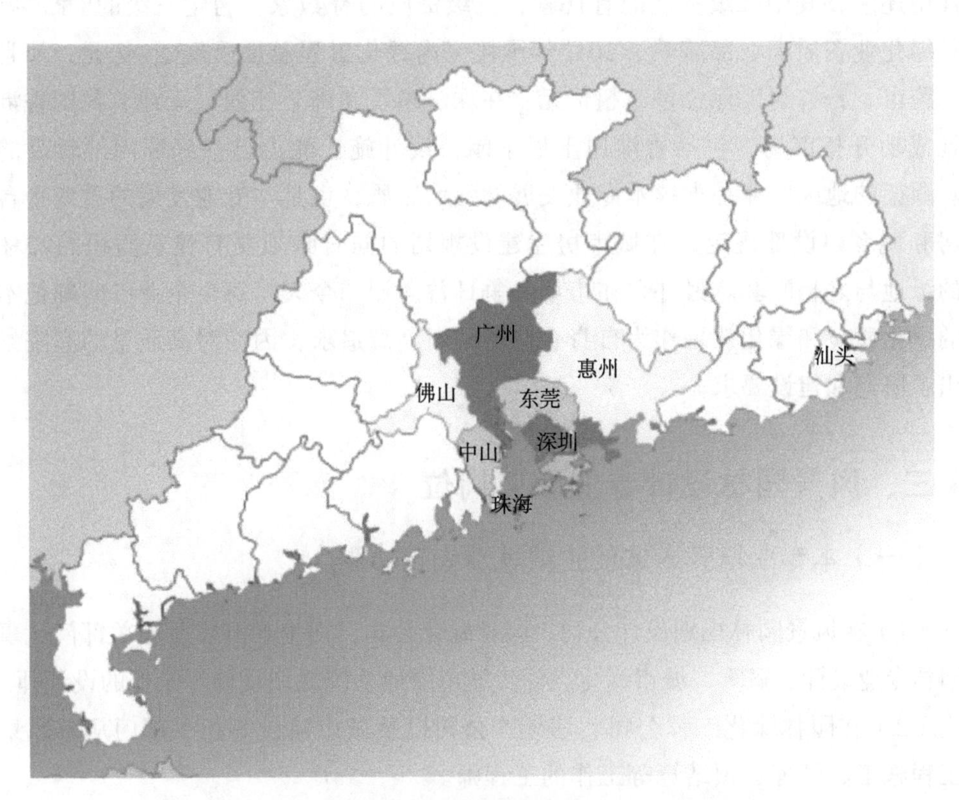

图1–1 广东省城市园林绿化一级资质企业分布示意图

二、企业（行业）发展对本专业人才需求的分析

据不完全统计，国内风景园林行业一线从业人员约560万人，其中受过高等教育的不足20万人，硕士及以上学历的从业人才比例更低，缺口更大。受调查82家企业中博士学位的有35人，硕士学位的有192人，硕士以上学历的员工占总数的1%，有4 903人有大学学历，占员工总数的25.71%，82家企业的员工中有5 555人拥有技术职称。园林行业经过近20年的发展，已日渐壮大并逐渐走向成熟。2008

年全国新审批的城市园林绿化一级资质企业有72家。其中浙江、广东、江苏、北京和山东等城市园林绿化一级资质企业数量名列前五位，到2015年，广东省园林绿化企业共4 452家。顺德身为园林城市、文明城市、生态城市和园林花卉之都，有陈村花卉世界的绿色产业背景，珠江三角洲还有数量众多的风景园林企业，都在为顺德的城市建设、绿色创意设计服务。从举办花博会到国际盆景艺术设计、观赏植物营销等众多行业。风景园林设计专业及课程包括园林规划、园林植物、城市规划、生态学、环境艺术、建筑学、园林工程学、旅游资源与管理等都是为本土的第一产业服务。目前顺德区现有城市园林绿化资质的企业达71家，占了全市的半壁江山还多，其中二级资质的有16家，三级资质的有47家，暂定三级的8家。顺德园林绿化业资质高、品牌响，2017年承接区内绿化工程总量已经达2亿元，而且跨区、跨市、跨省的工程总量亦超亿元，在珠三角及湖南、江西、天津、我国香港等各地成功开拓市场，包括香港迪士尼乐园，设计施工能力已达到境内外较高的水平。顺德的地区产业是支撑本专业发展的强大后盾，也是本专业发展的重要平台。住房和城乡建设部规定，在城市房屋建设规划的同时必须要有建筑面积的23%以上的绿地与之相配套。另外，在市场竞争日益激烈的今天，每个企业已明确把本企业的绿化质量和绿化效果作为自身企业形象而刻意追求，因而对高质量的庭院景观提出了研究和建设要求。

三、风景园林设计专业职业岗位

（一）本专业培养人才的主要就业岗位（群）

（1）在风景园林规划设计公司、园林绿化公司、房地产开发等相关部门从事风景园林专业设计、概算、城市绿化设计、城市绿地系统规划设计等工作的设计师。

（2）在园林绿化工程公司、房地产公司以及城市建设等相关部门从事风景园林工程施工、管理、预结算等工作的工程师。

（3）在园林苗木、花木公司、园林绿化施工公司以及城市建设等相关部门从事园林植物施工、养护、管理的工程师。

（二）专业职业能力分析

专业职业能力分析如表1-3所示。

表1-3 专业职业能力分析

任务领域/就业岗位	工作任务	职业能力	课程设置	实训
园林设计师	能够对园林规划设计项目进行前期的资料收集和现状等情况的调查以及分析。掌握专题（包括城市公园、居住区、休闲小游园、滨水区、旅游风景区、高尔夫球场等）设计的要点、步骤、内容、要求和应用	学生能够独立用手绘、计算机辅助软件等工具完成项目设计，设计各项完整的园林项目任务如城市公园、居住区环境设计等。遵守城市规划与园林、建筑设计中的各项行政政策、规范与行业标准等。解决园林绿地与城市规划的关系、近期与远期的发展以及考虑造价及投资的合理应用、服务经营等问题。能够应用图纸、文案与语言向客户表达设计与交流意见	园林规划设计 公园规划专题设计 居住区景观专题设计 风景区规划专题设计 园林建筑设计 绿色生态技术应用 城市绿地系统规划设计	园林规划设计综合实训、城市景观生态技术综合实训
园林施工员	能够对土方工程进行计算，对园林工程施工图进行设计，对园林建设工程进行概算与预算，对园林机械的基本技术进行操作，对现场施工放线和土方等进行操作，对现场园林给排水、水景工程、园路工程、假山工程、园林供电等进行设计施工技术，对现场园林工程基本施工方法进行操作，对园林绿化工程合同书进行起草与签订，对园林施工进度进行安排与工程管理，对组织现场园林工程工序过程进行操作，对实际项目的工程概算与预算进行操作等应用	学生能够独立完成园林景观工程施工图的设计，完成园林景观工程的预结算，完成园林景观工程土方施工，园林给排水、水景工程、园路工程、假山工程等工程技术，安排组织园林工程施工的工序，完成园林绿化工程合同书的起草与签订，完成园林施工进度安排与工程管理，具有指导和组织园林工程施工、解决生产及施工过程中常见技术问题的基本能力。具有一定的自学能力和获取信息的能力。在课程学习中取得中级施工员证书	园林制图 计算机辅助设计 园林工程施工与管理 园林工程预结算 园林工程施工技能应用	园林工程综合实训、园林测量
园林植物工程师	学生应掌握园林树木的分类、习性等方面知识，具备应用树木来建设园林的能力，并具有使树木能较长期地和充分地发挥其园林功能的能力	学生通过掌握的园林植物知识，在城市园林绿化建设中应用植物的设计、施工、种植、养护、管理、营销等产业经营等理论、技能与方法。通过广东省劳动厅组织的中级绿化工考证	插花技能训练 园林植物景观设计 园林植物技术应用	园林植物应用实训

四、调研结果及分析

1. 就业对口率

在调查中，目前大部分毕业生的工作单位是在珠三角地区的民营企业，一般为员工总人数在50人以下的小型公司。50人以下的占68.8%，51～300人的占12.5%，301～500人的占18.8%。2014届的毕业生对口率为87.5%，非对口率为12.5%。

2. 就业稳定性

因为本专业的含金量较高，特别是园林岗位需要正规的岗位证，如景观设计师证、绿化工证、施工员证、绘图员证、预算师证等，所以就业稳定性较高，在调查中较满意的占37.5%，一般的占56.3%，不满意的占6.3%，也会因为收入太低和无稳定感换过一二个工作单位。大部分同学从事与专业有关的工作如园林设计、园林施工等，小部分同学从事与专业无关的工作如展示公司等，还有自主创业的如做网站等。统计发现有93.8%的学生认为在现工作单位工作稳定，说明本专业培养的学生专业适应能力较强。

3. 适应性

因为本专业培养方向是上岗率高、岗级高、岗薪高、转岗快的高质量的应用型、技能型专业人才，所以在适应性方面非常灵活，胜任首份工作所需要的时间，上岗即可胜任的占12.5%，1个月左右的占50.0%，3个月左右的占37.5%。

4. 用人单位对毕业生的满意度及总体评价

针对数据的统计分析，本专业教师将教学活动与社会生产实践、社会服务、技术推广及技术开发紧密结合起来，把职业能力培养与职业道德培养紧密结合起来，不仅使教师能有效地管理学生，带动了学生的学习主动性和积极性，提高了学生的实践能力、专业技能、职业能力，还能培养学生的自我管理能力以及管理他人的能力，有利于职业角色的定位，使学生既具有较强的业务工作能力，培养学生作风，又具有敬业精神和严谨求实的精神，特别是团体的协作性和较强的合作精神，受到了企业给予的好评和肯定，这对我们在指导学生就业应聘及准备材料和参加面试时更具有针对性，帮助学生找到适合自己发展的工作岗位，从而提高签约率、就业率。所以用人单位都比较满意毕业生，总体评价较高，毕业生经常被评选为优秀员工，2014—2017届毕业生的总体满意度为98.7%以上，教学方式、课程设置均受到毕业生的认可。

5. 用人单位对毕业生的要求

用人单位在招聘应届毕业生时，最注重的5种因素分别为敬业精神、合作能力、技能水平、实践经历、沟通能力。

调查结果为，敬业精神占91.5%，合作能力占63.8％，专业技能占63.8%，实践经历占53.2%，沟通能力占53.2%。

用人单位对毕业生的要求有职业道德、合作能力和敬业精神；最突出的劣势是外语水平、创新能力、管理能力。

专业学生的外语能力需要加强，需引起相关部门的重视。毕业生需态度踏实，有较好的敬业素质，较宽的技术适应范围等。

6. 用人单位对人才培养模式的建议

要面向社会和人才市场的需求，针对工程项目岗位加强植物应用、施工图和预算的应用能力等。对学生要求有职业道德、合作能力和敬业精神培养；加强外语水平、创新能力、管理能力。

风景园林设计专业在教学上积极与企业合作，利用项目的平台，灵活运用多种先进的教学方法和现代教育手段，有效调动学生的学习积极性，激发学生学习兴趣，促进学生积极思考，发展学生的学习能力，提高教学质量，有效地培养学生的创新能力和独立分析问题、解决问题的能力，在这方面取得了显著成效。在教学实践中能选用优秀教材，并配套大量的参考文献资料，网络教学资源建设初具规模，并能经常更新，运行机制良好，在教学中发挥了积极作用。学生实际动手能力强，实训、实习产品能够体现应用价值；课程对应或相关的职业资格证书或专业技能水平证书获取率高，相应技能竞赛获奖率高。这样的毕业生实践能力、专业技能、职业能力以及自我管理能力和管理他人的能力较高，对毕业生的职业角色的定位和业务工作能力都基本具备，在工作上毕业生既具备敬业精神和严谨求实的精神，特别是团体的协作性和较强的合作精神，所以受到了企业给予的好评和肯定，学生能够找到适合自己发展的工作岗位，所以用人单位都比较满意毕业生，总体评价较高，毕业生经常被评选为优秀员工，2012—2015届毕业生的总体满意度为98.7%以上，教学方式、课程设置均受到毕业生的认可。

毕业生对学校教学条件、教学管理工作、教学水平的评价较高。但部分学生认为应该更加提高师资素质，多安排实践课与公司单位接触，比如到企业实习，在实习的工作中才知道自己需要学什么，知道自己哪里不足，然后多参与一些比赛提高自身能力，本校的学生多方面与外校学生交流学习，提高学生创新能力。

学生职业技能水平还要加强如制图水平、植物施工水平、工程施工管理和方案设计综合水平。学生外语水平、创新能力、管理能力较弱，学生就业起薪较低，没有薪酬保障。学生就业跳槽比较频繁，没有稳定感。

建议将制图应用、植物应用专业课程的知识点、技能要求与具体工作任务联系起来，突出知识与技能要求的岗位针对性，根据调查，针对本专业而言，充分了解行业内对各项职业技能及各种专业证书的要求，如“高级室内装饰设计师”“高级绿化工”以及“制图员”“施工员”等证，按照专业学生的特点，将其有效地融入各门专业课程的教学中，同时将职业证书按照含金量、通过率、难易程度等进行比对，使学生充分了解各种职业证书的作用和所能体现的各项技能，正确选择职业证书，是把好“双证”关的有效途径。加强外语水平、创新能力、管理能力。培养学生吃苦耐劳，做好学生“爱岗敬业”的教育，加强学生职业道德的教育，提高学生职业规划能力和职业素质。

第二章　风景园林设计专业办学

一、风景园林设计专业介绍

顺德职业技术学院风景园林设计专业培养德、智、体、美全面发展，政治信念坚定，基础扎实，知识面宽，专业素质高，实践能力强，具备风景园林规划设计、城市规划与设计、风景名胜区和各类城市绿地的规划设计等方面的知识，能在城市建设、园林等部门从事规划设计、施工和管理的应用型人才。

风景园林设计是综合利用科学和艺术手段营造人类美好的室外生活境域的一个行业和一门学科。是以“生物、生态学科”为主，并与其他非生物学科（例如土木、建筑、城市规划）、哲学、历史和文学艺术等学科相结合的综合学科。建筑类本科专业包括：建筑学专业、城乡规划专业、风景园林专业。

二、风景园林设计专业办学分析

表2–1　广东省开设风景园林设计及相关类专业的高职高专院校数量

	学校数量	开设风景园林设计类专业	
		数量	比例
公办高职高专院校	22	15	32
民办高职高专院校	46	11	31

表2–2　广东省开设风景园林设计及相关类专业的学校及办学规模

学校性质	学校名称	办学情况		
		学制	在校学生人数	办学情况
高职	深圳职业技术学院	3	373	全日制办学
	东莞职业技术学院	3	210	全日制办学

（续表）

学校性质	学校名称	办学情况		
		学制	在校学生人数	办学情况
高职	广东轻工职业技术学院	3	150	全日制办学
	佛山职业技术学院	3	420	全日制办学
	番禺职业技术学院	3	340	全日制办学
	广东环保工程职业学院	3	120	全日制办学
	广东碧桂园职业技术学院	3	120	全日制办学
	广东阳江职业技术学院	3	120	全日制办学
	广东科贸职业学院	3	180	全日制办学
	广东农工商职业技术学院	3	330	全日制办学
	广东生态工程职业学院	3	350	全日制办学
	深圳信息职业技术学院	3	120	全日制办学
	广州城建职业学院	3	130	全日制办学
	揭阳职业技术学院	3	130	全日制办学
	广州城市职业学院	3	240	全日制办学
	广东珠江职业技术学院	3	360	全日制办学
	私立华联学院	3	120	全日制办学
本科	华南农业大学	4	720	全日制办学
	华南理工大学	4	550	全日制办学
	岭南师范学院	4	320	全日制办学
	韶关学院	4	380	全日制办学
	肇庆学院	4	560	全日制办学
	仲恺农业技术学院	4	360	全日制办学
	佛山科技大学	4	420	全日制办学
	广州美院	4	420	全日制办学
中职	广东省林业职业技术学校	3	600	全日制办学
	肇庆市农业学校	3	300	全日制办学
	梅州农业学校	3	450	全日制办学

近年来，风景园林教育驶上了发展快车道。2011年3月8日，国务院学位委员会、教育部公布新版《学位授予和人才培养学科目录（2011年）》，“风景园林学”成为国家一级学科，此举从国家层面肯定了学科地位。随着对既懂得园林绿化景观设计和花卉苗木养护，又懂得“绿色经济”经营管理类人才需求越来越大，全国开设风景园林专业的有80个学校，湖南的吉首大学、湖南文理学院、湖南科技大学、衡阳师范学院均新增了风景园林专业。

广东省开设风景园林设计及相关类专业的高职高专院校数量及学校办学规模如表2-1和表2-2所示。

三、专业发展历史及教学团队

顺德职业技术学院风景园林设计专业经广东省教育厅批准，在艺术设计系正式设立。它依托顺德地方支柱产业花卉产业，主要为适应佛山、顺德以及珠江三角洲地区现代化城市的建设和发展、园林产业以及创意产业的发展，生态城市建设对园林建设、生产与管理第一线人才的迫切需要而创办的专业，培养具备园林专业基本理论知识，掌握园林规划设计、园林工程施工、园林树木应用等相关应用型高技能人才。岗位需求主要有园林规划设计部门的园林设计师、园林绿化工程公司的园林工程师。2000年开始招生，2007年立项为校级重点专业，2012年为广东省重点培育专业，2014年遴选确定为广东省重点专业建设项目园林技术（景观设计）。共有学生332名，毕业生主要分布在珠三角等地。在校生师资配置达标，“双师型”结构合理。现有专任教师12人，其中教授4人，副教授4人，讲师3名，在读博士以上7人，硕士3人，博士、硕士生以及在读硕士达到91%，广东省青年教师访问学者5个，专业带头人1名，广东省职业教育专业领军人才培养对象1名，广东省技术能手5名，美国LEED绿色建筑认证咨询师2名、一级景观设计师4名、国际注册高级景观设计师2名；并聘有校外兼职教师12人，广东省高层次技能型兼职教师2个。专业教师大部分具有企业工作经历，具有很强的职业技术和职业教育的能力。

经过几年重点专业项目的全面建设，具有一支结构合理、素质优良、专兼职合理，校企互通，业务能力优秀、在行业内有一定影响力的创新团队及“双师型”教师队伍，校内外实训基地建设项目完备已具规模。在专业教学建设中长期实施协同育人创新创业教育，贯穿横纵向科研、企业技术服务及“Workshop”项目教学，教学改革成效明显，参加各类教研教改项目30多个；教学质量在珠三角及全国的专业中受到肯定及好评，包括广东省重点专业建设项目验收。专业建设了3门广东省精品课及精品共享课程《园林规划设计》《园林工程施工与管理》；建设3个广东省教改项目，4个省级教职委教改项目，3门教职委精品课程，5门院级精品或精品共享课程。教学团队在EI及中文核心期刊上发表论文60余篇；校级实训基地立项建设项目1个，校级大学生校外实践教学基地立项建设项目1个，协同育人教学平台1个；广东省青年教师访问学者4个，专业带头人2名，广东省职业教育专业领军人才培养对象1名，广东省技术能手4名，美国LEED绿色建筑认证咨询师2名、一级景观设计师4名、国际注册高级景观设计师2名；精英班建设项目1个，省级教学成果奖培育项目2个，校级一、二、三等奖的教学成果奖3个，广东省高层次技能型兼职教师2名，参与校级及广东省教学团队建设项目1个，教师与学生获奖在全国范围内达100多个。教学团队完成横纵向项目20多项，主要经费50多万，国家自然科学基金1项、教育部人文社科基金2项，佛山社科项目3个，顺德社科项目3个，专业教师为珠三角行业企业技能培训达年均上百人，全方面为珠三角及全国企业行业进行技术服务，综合实力在广东及全国都具备示范性，达到在行业优势、区域优势和特色优势的基础上实现可持续发展的广东省重点专业的目标。

在全面促进就业质量和服务型经济以及顺德区“十二五”规划的转型期，全面促进就业质量和创意设计经济，培养风景园林设计专业核心竞争力，深化项目模式实践教学，深化风景园林设计专业创新创业教育改革，提升服务质量，落实战略规划，以地区设计行业产业为依托，以园林企业为核心，针对多种类的学习者开展多层次立体人才培养，开展有效的园林产业人才培养和企业人员培训，实现高职教育的教育自觉。通过产学研立体推进，共同解决园林行业共性关键技术难题，建立创新技术应用体系，促进珠三角园林行业整体创新能力的提升。以创新和服务作为顺德职业技术学院风景园林设计专业的转型期的动力和方向，打造协同育人平台，为园林行业提供创新性、服务性、可持续性的储备人才以及打造教学中心、研发中心和技术服务中心。让顺德职业技术学院风景园林设计专业迈上另一个信息化、国际化的新台阶，面临深化创业教育，更加开放与共享，服务与创新。

四、专业定位及建设目标

（一）专业定位

1. 专业建设及时跟踪地区产业结构调整与升级的需要，及时跟踪市场需求变化的需要

近年来广东省开展创新驱动发展战略、智能制造发展规划、工业转型升级攻坚战3年行动计划，顺德区“十二五”规划中指出在“现代产业之都，品质生活之城，改革创新之窗”，进行地区产业结构调整与升级。按照有利于增强顺德区城市综合服务功能和提升服务业综合竞争力的原则，结合建设“阳光顺德”的战略部署，大力发展现代服务业，改造提升传统服务业，着力培育新兴服务业，重点发展文化创意、科技服务、会展、专业市场、职业教育与培训、美食旅游、健康休闲等

12类服务业。

《国家中长期教育改革和发展规划纲要（2010—2020年）》中明确提出要突出高校办学特色，而特色专业正是高校办学特色的重要体现。特色专业建设是教育部组织实施的高等学校教学质量与教学改革工程的重要内容之一，广东省教育厅为贯彻落实国家和广东省中长期教育发展规划纲要精神，适应全省经济社会发展和产业结构优化升级对高素质技能型人才的需求，引导全省高职院校根据自己的办学定位和发展目标，办出专业特色，重点面向与广东省先进制造业、高新技术产业和现代服务业相对接的专业，打造一批理念先进、定位明确、改革深入、机制灵活、模式创新、特色鲜明、质量过硬的专业作为省高职教育特色重点专业，为全省高职院校其他专业建设和改革起到示范和引领作用。

本专业是在顺德地区产业结构调整与“十二五”规划的背景下适应经济发展和社会建设对高素质的应用型人才需求的重大举措，是提升专业建设科学化、规范化水平的客观需要，推进重点特色专业建设在保持优势和特色的基础上实现可持续发展的前提条件。顺德区的园林景观企业，都在为顺德的绿色创意设计服务。目前顺德区现有城市园林绿化资质的企业达71家，占了佛山市的半壁江山之多，其中二级资质的有16家，三级资质的47家，暂定三级的8家。顺德的地区产业是支撑本专业发展的巨大的后盾，也是本专业发展的重要平台。

风景园林设计专业教育教学理念符合教育规律和改革方向，专业主动适应顺德珠三角地区区域经济发展的支柱优势和新兴产业发展的需求，专业建设及时跟踪地区产业结构调整与升级的需要，及时跟踪市场需求变化的需要，专业设置与调整的行业性、地域性与针对性，体现专业设置的超前性、专业方向的灵活性与重点专业的精品性，符合本校办学定位，符合广东省专业结构调整的整体布局，培养适应经济发展和社会建设对高素质的应用型人才需求，具有较广阔的可持续的市场前景。

表2-3为佛山地区园林业与花卉业人才需求情况，表2-4为佛山地区园林行业人才结构。

表2-3 人才需求调研

年份	佛山地区行业预测人才数		
	园林业（人）	花卉业（人）	合计（人）
2002年	550	700	1 250
2007年	1 970	1 100	3 070
2016年	2 900	1 500	4 400

表2-4 人才结构预测

年份	佛山地区园林行业人才结构数		
	研究生（人）	本科生（人）	专科生（人）
2002年	60	250	240
2007年	110	860	1 000
2016年	400	1 300	1 600

2. 行业企业参与专业建设和教学各环节，形成了以专业教学指导委员会为指导，就业为导向，以行业、企业为依托的校企双赢的合作机制得到巩固

（1）根据高职教育教学规律，风景园林设计专业一直注重发挥专业指导委员会在专业建设中不可替代的作用，学院积极主动的把具有代表性的园林企业经理、园林企业技术人员与设计师、国内著名的园林设计师及一些园林教育专家组成园林专业指导委员会，并出台了工作条例，每年召开1～2次工作会议，探讨园林行业新特点、变化趋势，并对上一阶段教学质量进行考核评估，提出意见与建议，根据探讨的内容与结果，在原来教学课程计划的基础上制定未来一段时间的教学计划。

（2）依据区域产业结构升级、产业发展需求和行业发展趋势等，构建校企合作的长效机制。以校企合作为平台，构建校企合作的长效机制，在专业建设、改革、发展的各个阶段认真听取委员们的意见，依据区域产业结构升级、产业发展需求和行业发展趋势等，对园林设计人才需求方面把握好人才培养方向，紧密围绕立足地方、为地方经济服务的原则，积极开展政、校、企合作，产、学、研一体化的特色办学活动，注重就业教育，积极探索符合高职教育特点的人才培养方案，工学结合的人才培养三年不断线，在校期间的实习得到企业的支持，请专业方面专家讲授现代风景园林设计现状和发展，让学生及时了解本专业发展现状和趋势。实践教学由生产搭建校企合作组织架构，制订并完善管理制度，建设良好而长效的运作机制，为创新和改革风景园林设计人才培养模式打下扎实的基础。委员们积极参加园林专业的研讨会、毕业展览以及招聘会等活动，并且对专业的建设工作和成绩作出了肯定和表扬。在园林专业指导委员会的参与下，与园林专业教师研讨后，一道共同确立专业设置、培养目标和规格、培养方案设计方面的合作。制定符合国家和地方政府要求、明确而又具体的毕业质量标准。使专业建设能从地方专业需求的角度，去培养以社会需求为目标，技术应用能力为主线的技术型、应用型人才的培养模式。

（3）建立兼职教师机制。大部分企业任职的兼职专家，刘恒名、余保东、彭

涛、周贱平、高学思在佛山科迪园林绿化工程公司、珠海诺亚景观设计有限公司、广州国际怡境景观设计有限公司、佛山中境景观规划设计有限公司、广东珠江园林工程建设有限公司等企业担任董事长及首席设计师，大量的项目来自这几个实训基地企业，整个团队与企业联系密切，有12名兼职教师，制定兼职教师的教学能力要求及上岗标准；参与校企合作或相关专业技术服务项目，成效明显，并在行业企业有一定的业绩和影响，也能提高学生的实践和实习就业机会。实践教学由生产一线技术人员和专家指导，尤其是在完成一定实际项目方面作用更大。建立本专业实践教学与校内外实习基地协调联动机制，制定校内外实训、实习指导教师的实习指导标准。

（二）建设目标

在顺德地区产业结构调整与“十二五”规划的背景下，以国家级骨干院校建设为契机，风景园林设计专业探索珠三角地区高职设计教育的办学模式，在专业建设与课程改革、提高学生就业质量、实践教学、政校企长效合作机制、教学资源建设、加强社会服务能力等方面发挥引领作用，通过以下几点专业建设规划，将设计学院风景园林设计专业打造成理念先进、特色鲜明、质量上乘的品牌专业和顺德与珠三角地区支柱产业的现代园林景观创意设计人才培养基地，创建国家职业教育改革试验区的引领作用，发挥顺德职院园林专业的全国高职改革发展的辐射功能，推动顺德园林与花卉产业以及顺德生态型社会的发展，成为一个具有行业优势、区域优势和特色优势的专业。

五、专业建设的理念和思路

（一）专业建设的理念

建立在CDIO工程教育的理念原则指导下，基于创业教育素质与技能并重的教育模式上，协同创新构建风景园林设计联合体，以“项目参与式”园林景观创业教育为导向的高技能、高素质人才培养模式。

风景园林设计专业在CDIO工程教育理念原则的指导下，以职业能力培养为重点，与地方绿色生态景观行业企业以及政府合作进行基于景观设计工作过程的课程开发与设计，从我国港、澳、台地区及国外一些相关院校，引进同类专业教学标准，并分析研究，提交国外园林类教育调研报告，并对国内高职园林类院校进行调研，找出差距，确保专业教学标准的领先性。同时对国内外风景园林行业大中型企业的岗位需求进行调研，在教学内容、教学环节、教学模式、教学方法、教学平台5个方面充分体现职业性、实践性和开放性的要求，构建具有鲜明高职特色的风景园林实践教学体系。

（二）专业建设的思路

以佛山、顺德及珠江三角洲园林景观、园林花卉企业急需人才为目标，瞄准国际先进风景园林设计教育，准确定位风景园林专业人才以创新创业能力为导向，立足高职风景园林专业学生在多元技能方面对支撑课程的要求，不断整合与探索园林规划设计、园林工程施工管理、园林植物技术应用三大课程能力模块的内在联系。

1. 依托绿色产业

以绿色创意设计产业和花卉服务业为平台建设教学体系，加强特色专业政校企内外结合，开展合作交流。

2. 构建绿色专业

针对风景园林专业就业应用性，服务多元化的特点，促进就业、创意设计和花卉服务业经济，建设有顺德地方特色的可持续性发展的绿色专业。

3. 培养绿色人才

在CDIO工程教育的理念原则指导下，基于“Workshop”项目模式，结合对高职风景园林设计专业产学合作项目教学模式，加强工学结合的实践教学，培养创新能力为导向，项目设计为载体，素质与技能并重的高质量绿色人才。

六、专业建设方案

1. 建立创业教育素质与技能并重的教育教学体系

风景园林设计专业计划利用地区绿色产业这一平台，以佛山、顺德及珠江三角洲园林、花卉企业急需人才为目标，瞄准国际先进风景园林设计教育，立足高职园林专业学生在多元技能对支撑课程的要求，参照职业岗位任职要求调整专业结构，制定培养方案。不断整合与探索园林规划设计、园林工程施工、园林树木综合应用三大课程能力模块的内在联系，通过校企合作，探索订单培养、工学交替、任务驱动、项目导向、顶岗实习等教学模式，用产业推动教育，通过调研，建立基于培养基于创业教育素质与技能并重的教育模式上的，协同创新构建风景园林设计设计联合体的，以“项目参与式”风景园林创业教育为导向的高技能高素质人才培养模式。

2. 多元性、技能型、应用性的风景园林设计专业“Workshop”项目教学模式

在顺德地区绿色植物产业与打造绿色生态城市的背景下，该课程与地方政府绿色生态环保举措和地方绿色景观企业构建绿色项目设计联合体，以绿色生态环保的

工学结合项目为载体重组课程内容模块，全力建设“绿色产业——绿色课程——绿色设计”的绿色平台，用“项目驱动”等实践性模式系统深入地进行课程的“有效的”建设，基于“Workshop”工作模式改革探索以学生为主体，对课程主体学生对象的关怀教学。

3. 顺德地区特色的高职教育和管理方法

课程设计理念

●学习情境的教学内容——以工学结合设计教学内容，突出情境式教学。

●任务驱动的教学环节——在CDIO工程教育的理念下，以工作过程为依据，突出职业活动导向。

●项目导向的教学模式——以项目任务为载体，突出学生的主体性和行动能力的培养。

●主动性和可持续性的教学方法——以“Workshop”小组合作为组织模式，突出学生自我负责的、独立学习的主动性和可持续性。

●开放和共享的教学平台——以真实设计环境，突出开放和共享的教学平台。

教学管理细节具体完善，在专业建设中完善适应人才培养、切合学生实际的管理制度。鉴于风景园林设计专业课程的操作性强，课程实施的考核评价，对课程实施起到重要的导向作用，打破固有僵硬、死记硬背的闭卷考试模式，专业核心课程采用的是形式多变、灵活易通有风景园林设计、景观设计所特有的考核评价框架的项目答辩考核方式，通过综合的资料、信息、构思以及技能的处理协调，特别是项目课程的考核评价指向学生在项目课程实施中的整个“过程”，包括每个学生在各项目开展中的参与程度，所起作用以及工作态度等，同时注重对学生创新精神、实践能力的形成与提高的评价。所以建立多方位考察、全面评价、重视过程，课程设计过程性评价结合终结性评价（30%），小组评价和个体评价的结合（30%），再加上企业与学校的结合（30%），并且国家职业技能鉴定（10%）紧密结合的多元化考核评估模式。确保项目的质量和学生的水平，关注了小组的成长与照顾了学生的个体差异，从而鼓励学生积极参与、激发兴趣、体验成功，培养他们热爱专业、勇于创新、乐于实践等多方面的综合素质。所以在考核标准中不仅是景观设计的内容、深度、完整性和图面效果，学生的态度、合作精神以及职业素质等也占有一定的比例。

4. 立足顺德、服务广东、辐射全国的创意产业设计服务中心

（1）拓展三大产学研实训基地功能。风景园林设计专业依托专业设备、技术与人才优势，建立立足佛山顺德、服务广东、辐射全国的“三农”服务中心。产学研基地建设要立足区域园林花卉业资源条件和当地园林行业发展实际，以提高园林

花卉业主导产业和特色产业的科技含量，以产学研结合、区校合作、项目带动为手段，以示范点建设和园林技能培训为突破口，积极引进园林高新技术成果，辐射带动区园林花卉业经济的快速发展，满足学生的顶岗服务，提升学院产学研结合水平。依靠三大实训基地建立佛山市顺德地区最大的园林设计、园林树木与花卉栽培与管理、园林生产与经营、花卉品种、旅游资源、园林工程、生态咨询、园林产品营销等应用研究领域，形成多元化科研团队，能够带动专业发展，又能促进珠三角地区风景园林设计、植物花卉行业发展以及为珠三角地区园林行业交流提供平台，以服务顺德园林、服务社会主义新农村建设为宗旨，坚持走产学研结合之路，发挥学院科教优势，积极与陈村花卉世界积极开展横向协作，加大与各级政府及涉农企业合作的力度，有针对性地设立研究课题，开展联合攻关，拓展发展空间，服务区域经济发展。努力把三大产学研实训基地建成省内有一定影响和较高社会声誉的风景园林设计研究与咨询服务机构，并且带动教学的发展。最近几年积极申报横向与纵向的科研项目，获得各类国家自然科学基金、教育部人文社科基金，各类社科基金科研项目，2015—2016年度主持的珠二环伦教新基北路互通绿化工程的技术咨询荣获广东省风景园林优良样板工程评选金奖。

（2）顺德风景园林设计培训服务建设。依托学院继续教育与培训学院建设顺德风景园林设计培训服务，开展对景观设计师、绿化工、花卉工以及园艺工职业技能培训与开发。对内课程与职业技能标准结合，使学生能够直接从课程教学中达到各种技能的培训考证要求；对外能完成社会职业资格证书的培训工作。为专业建立一个面向顺德农业以及珠三角社会公开的培训考证中心和平台，加强专业的影响力，为农村劳动力转移以及进城务工劳动力提供必要的技能培训。通过对顺德园林基层工作人员、广东偏远地区以及国内其他地区农民的技术培训，提高农民在风景园林设计、园林工程施工、园林树木的栽培养护等方面的技能，成功转化农村劳动力，提高农民就业能力和收入，计划每年培训100人次。

5. 共享型“风景园林设计专业共享型资源库”

建成开放型大型公共交流资源库。

6. 积极与中西部的对口院校专业形成对口支援模式，加强横向的科研合作与教改的“Workshop”项目教学模式

以“Workshop”项目教学为桥梁纽带，大力探索与中西部对口院校专业的交流，通过共享的项目课程，共享的网络平台，共享的科研项目，共享的实训基地资源和共享的师资条件使专业达到与中西部对口院校专业息息相关。

七、专业建设成果

经过几年重点专业项目的全面建设，具有一支结构合理、素质优良、专兼职合理，校企互通，业务能力优秀、在行业内有一定影响力的创新团队及双师型教师队伍，校内外实训基地建设项目已具规模。在专业教学建设中长期实施协同育人创新创业教育，贯穿横纵向科研、企业技术服务及“Workshop”项目教学，教学改革成效显著，参加各类教研教改项目30多个；教学质量在珠三角及全国的专业中受到肯定及好评。2007年立项为校级重点专业，2012年为广东省重点培育专业，2014年遴选确定为广东省重点专业建设项目，2017年顺利验收。专业建设了3门广东省精品课及精品共享课程《园林规划设计》《园林工程施工与管理》；建设3个广东省教改项目如广东省省级高职教育重点专业《园林技术》《探索高职艺术设计教育的景观“Workshop”模式培养高素质技术应用性人才》等，3个教育部艺术教职委教改项目《构建以行动导向的高职园林设计“Workshop”项目课程改革，探索创新能力人才培养模式》，4个省级教职委教改项目《高职园林技术协同育人创新模式研究与实践》，3门教职委精品课程，5门院级精品或精品共享课程。教学团队在EI及中文核心期刊上撰写论文60篇以上；校级实训基地立项建设项目1个，校级大学生校外实践教学基地立项建设项目1个，《广东珠江园林建设有限公司园林景观专业协同育人创新校外实践教学基地》，协同育人教学平台1个如《珠三角园林景观“Workshop”协同育人创新联盟》等；广东省青年教师访问学者4个，专业带头人1名，广东省职业教育专业领军人才培养对象1名等高质量的职业人才。教改教研成绩卓著，横纵向成绩突出。

八、教学资源

建成以核心课程、精品课程、网络课程为基础的，完全共享的风景园林设计专业资源网站与园林、花卉、景观开放型大型公共交流服务平台。容量不小于1 000G的专业资源，能支持整个风景园林设计行业在顺德地区的资源库，各种网络教学与学习模式的资源共享平台，为佛山地区的行业与高职教育共享提供资源共享平台，提供资源共享，主要内容如下。

1. 风景园林设计专业教学系统

该系统包括高职风景园林设计专业3个职业能力模块、人才规格、课程体系，5门核心课程标准、多媒体课件、实训项目、教学指导、学习评价、作业、作品、试题库等要素在内的风景园林设计专业教学资源以及8门主干课程标准、多媒体课件库以及试题库，精品专业资料、示范专业资料及教学管理资料，有利于其他高职院校风景园林设计专业提高教学质量。

2. 风景园林设计专业教育案例库、素材库

开发包括园林花卉、园林树木、园林建筑图谱、实景、园林建筑材料、园林工程小品实景、园林造价分析系统等图片、录像、手绘表现等图谱、图纸、文本资料等专业教学案例资料，做到门类齐全、检索便捷。

3. 风景园林设计专业网络课程

首批拟建设包括园林制图、园林规划设计、园林建筑设计、园林工程、园林工程施工与管理、景观生态学、园林植物、城市绿地系统规划8门专业主干课程。每门网络课程的建设内容包括电子课件、实训范例、操作规范、试题库、评价系统、课程资源库等。然后依次对其他专业课程逐步建设，满足其他高职院校风景园林设计专业或社会培训学生的学习需要。

4. 风景园林设计行业资源系统

包括专业标准大全库、专业信息文献库、国内外园林类行业企业介绍、花卉生产企业规范、园林工程验收标准、公园设计规范、消防规范等行业标准、园林设计技术手段、园林工程技术、各地区土壤气候资料、园林植物新品种栽培技术等，重点在本地区与陈村花卉世界等企业建立地区性的风景园林设计资源信息系统（包括佛山地区地质、水文、土壤、气候、植物、生物、地理、人文、生态等图谱、录像、图纸、文本资料等）。

网络教学资源库建成后，将为国内同类专业及相关专业群提供教学规范；帮助风景园林设计、园艺、环境设计等专业的学生以及行业员工在网上自主学习，自我测评；为国内风景园林设计行业提供丰富的专业素材库和信息资料，建立顺德风景园林设计职业教育服务网站，及时提供风景园林设计政策法规、市场信息、项目推介、成果展示、人才需求、远程教育等服务。

九、实践教学

（一）实践教学体系科学可行，有效满足学生职业能力培养的要求

重视、加强实践教学环节，按培养基本技能、专业基本能力、专业综合能力的不同目标设置实践环节，与理论教学体系相配套，互相交叉、互相渗透、有机融合。实践性教学环节按照三年不断线进阶式实施的思路进行设计，经过几年的实施，证明是可行的，能满足学生职业能力培养的要求，以实践教学为主的环节安排如表2-5所示，实践教学占教学活动总学时的55%。表2-6是2011级风景园林设计专业（景观设计方向）人才培养方案理论与实践教学比例。

表2-5 专业综合实践内容与要求

综合实践名称	学习内容要求	职业技能与职业素养培养要求	学时	学期	地点
陈村花卉世界实习	了解温室维修的基本知识、塑料大棚设置的基本方法，掌握园林植物的繁殖技术	清楚栽培工具的保养方法、掌握常用器具的使用与维修。常见园林植物的识别、学会园林植物的繁殖技术。具有严谨、踏实的工作作风。具有全局观念和良好的团队精神、协调能力、组织能力和管理能力。具有健康的体魄和良好的心理素质以及充沛的精力	2周	4	校外
园林测量实训	了解园林测量的基本理论知识、功能作用、测绘方法和内容、地形图识读、应用及新技术内容，掌握园林工程测量技术	学会园林工程距离测量、园林工程高程测量、园林工程测量图绘制。具有严谨、踏实的工作作风。具有全局观念和良好的团队精神、协调能力、组织能力和管理能力。具有健康的体魄和良好的心理素质以及充沛的精力。有一定的逻辑思维、分析判断能力和语言文字表达能力。具有良好的法律意识、职业道德和依法办事的自觉性	1周	3	校外
园林植物应用实训	了解园林树木与花卉栽培、绿化种植、养护、管理、经营的内容	学会园林树木与花卉栽培、绿化种植、养护、管理、经营的实践能力，并拓展园林树木与花卉销售和花艺设计制作能力	2周	4	校外
园林工程施工管理（二—园林工程实训）	使学生了解园林建筑的形式、构造与结构。了解园林古建的营造法式；掌握常见园林建筑的构造；了解园林工程的施工内容；掌握园林工程各项目的施工方法；掌握常用园林建设工程知识。了解园林建设工程概算与预算。了解园林工程基本施工工序计划。了解项目设计的施工管理程序与规章	学会实际园林工程项目施工图的设计、园林建设工程概算与预算、园林机械的基本技术、现场施工放线和土方等操作。学会现场园林给排水、水景工程、园路工程、假山工程、园林供电等设计施工技术。学会现场园林机械的基本操作、现场园林工程基本施工方法。学会园林绿化工程合同书的起草与签订、园林施工进度安排与工程管理、安排组织现场园林工程工序过程、实际项目的工程概算与预算。提高学生职业道德素养与团队协作精神	2周	5	校内外
毕业设计（论文）与顶岗实习	掌握园林实际项目的规划设计综合过程	学会各类园林实际项目的规划设计。培养团队合作、吃苦耐劳的精神等。对本专业三年专业学习的回顾，强调课题设计的专业性、综合性及完整性。使学生综合应用专业知识的能力得到提高	22周	1.5、6	校外

表2-6　2011级风景园林设计专业（景观设计方向）人才培养方案理论与实践教学比例

<table>
<tr><th colspan="3">项目</th><th colspan="2">周数</th><th>比例（%）</th></tr>
<tr><td colspan="3">理论教学</td><td colspan="2">45</td><td>42</td></tr>
<tr><td rowspan="4">实践教学</td><td rowspan="3">校内</td><td>课程实践</td><td>36</td><td rowspan="4">62</td><td rowspan="4">58</td></tr>
<tr><td>校内非生产性实训</td><td>2</td></tr>
<tr><td>校内生产性实训</td><td>0</td></tr>
<tr><td colspan="2">校外实训实习</td><td>24</td></tr>
<tr><td colspan="3">教学总周数</td><td colspan="2">107</td><td>100</td></tr>
</table>

（二）校内生产性实训达到校内实训教学的81%，注重校内生产性实践教学与校外顶岗实习的有机衔接与融通

针对绿色景观建设岗位的核心能力，从绿色景观设计职业岗位要求的人才培养职业能力和职业综合素质的要求出发，针对园林景观设计职业实践性强，紧紧把握课程培养目标，强化绿色景观设计能力培养，以绿色生态为目标，以必需够用为度，按照园林景观设计企业、行业工作任务和任职要求，分析工作任务、工作过程，通过以大量真实项目为载体、情境式教学，确定了核心课程目标与教学内容，比如园林规划设计教学内容为：景观设计工作任务应用分析、城市广场景观设计、居住区景观设计、城市道路绿化景观设计、旅游风景区景观设计等。教学内容与工作任务高度吻合，突出教学内容的应用性，校内生产性实训（情境式教学）达到校内实训教学的80%，真正实现了在园林景观设计企业一毕业就能上岗。教学内容针对性强。适用于景观设计公司的设计岗位、景观企业的景观设计岗位以及房地产部门的景观设计部门等。

（三）确保学生有半年以上到企业顶岗实习，加强对顶岗实习组织实施的过程管理，重视实践教学环节的质量监控和考核评价

通过人才培养方案按照“产学研结合”思想安排校外实践教学项目，第一年2周，第二年5周，第三年16周，即在第一年通过参观或见习的方式到企业了解情况、认识企业、熟悉项目及相关工作岗位；第二年进行5周的企业实践，以课程实践的方式在企业具体岗位学习专业技能；在第六学期，进行16周有薪顶岗实习及毕业设计。学生以“设计师+学生”的双重身份以“半就业”的形式进行企业顶岗。根据学生毕业当年企业的用人需求情况来选择学生顶岗实习单位，以分散安排为主，如16周毕业实习、毕业设计尽量结合实际工程项目。为确保实践教学与企

业顶岗实习的顺利进行，学校教务处专门成立了实践教学科对实践教学和企业顶岗实习进行管理。

在教务处教学实践科宏观管理、指导下，专业与校外实训基地积极沟通和联系，积极履行合作协议。为保证院外实训教学工作，能够在“安全、规范、严格、有序”的条件下顺利进行，在每个阶段的实践或实习前以具体协议方式作出具体安排和提出要求。根据学生的具体情况派出带队责任教师，协助基地方落实好学生的管理、协调和食宿、交通等方面的工作。做到了实习前有动员，实习中有小结，实习后有总结。并根据实际情况聘请企业一线的技术骨干和管理人员为兼职教师。明确规定了对企业兼职教师的管理、专任教师定期检查的规定以及企业、学生和指导教师的三方责任书。

针对实践教学，学院各教学单位提供专项资金给予保障。

（四）实践教学环节落实到位，制度措施得力，学生的专业技能得到有效的训练

首先，学校确定了校内外实践教学学时比例的基本要求，并提出了“2+5+16”的校外实习模式，并制作顶岗实习经历证书进行跟踪管理。

其次，专业根据自身人才培养的特点，按照基于工作过程的思路制定了人才培养方案，校内的实践教学是进行“情境式”一体化的教学改革，做中学，学中做，实践教学效果明显提升，学生的专业技能增强。

第三章　风景园林设计专业人才培养模式与课程体系整体设计

一、专业人才培养模式的改革

以地区绿色产业为平台，参照顺德地区产业结构调整和职业岗位任职要求调整专业结构，制定培养创新能力为导向，素质与技能并重的绿色人才。

在顺德地区绿色植物产业与打造绿色生态城市、森林城市的背景下，以佛山、顺德及珠江三角洲风景园林企业急需人才为目标，准确定位专业人才以创新能力为导向，项目设计为载体，用产业推动教育，素质与技能并重为导向的技能型应用性人才培养模式和所确立的基于“一主两从”的教育模式上的以工学结合为切入点的高技能高素质人才培养模式。

图3-1为园林规划设计工作流程，图3-2为园林规划设计岗位工作任务分析，图3-3和图3-4分别为课程体系和课程定位分析。

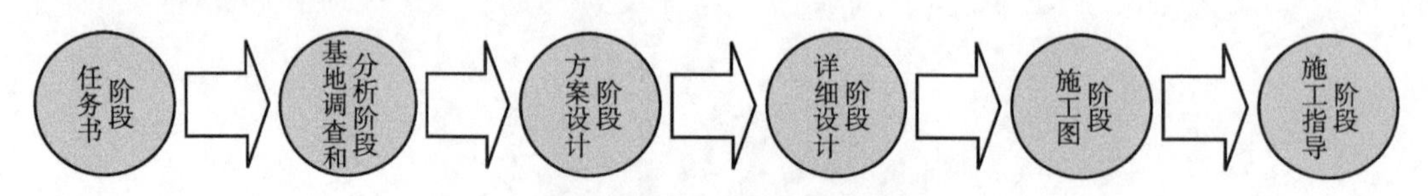

图3-1　园林规划设计工作流程

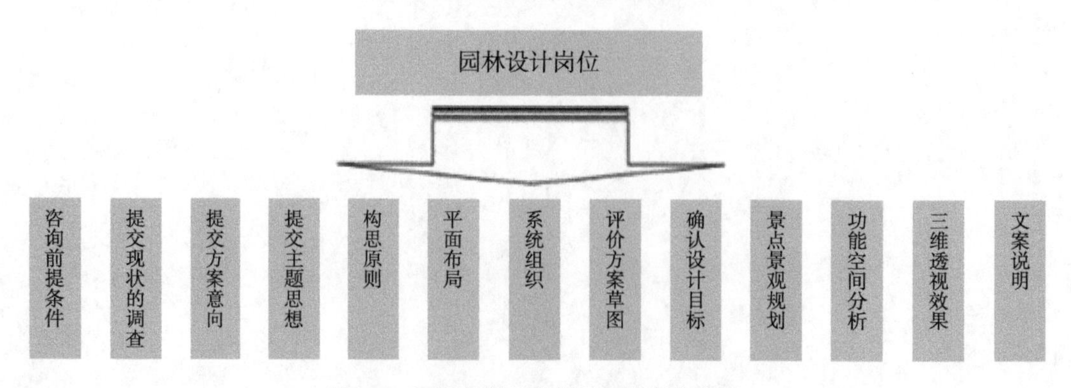

图3-2　园林规划设计岗位工作任务分析

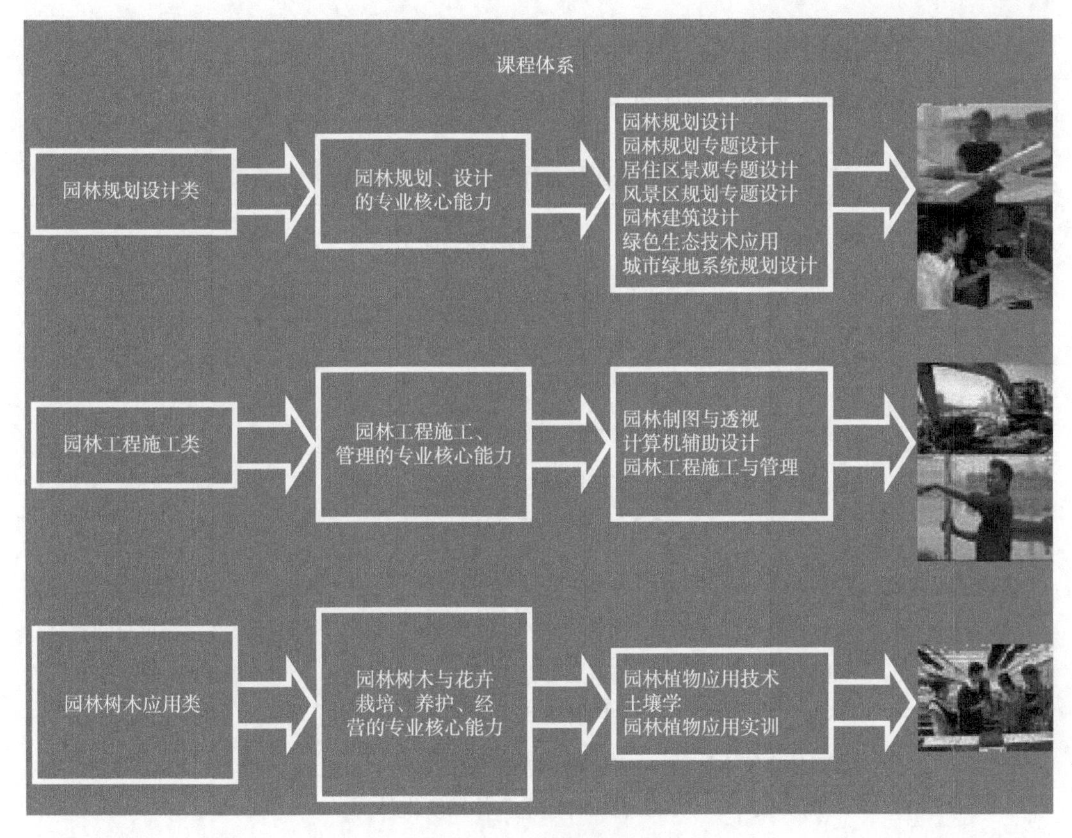

图3–3 课程体系

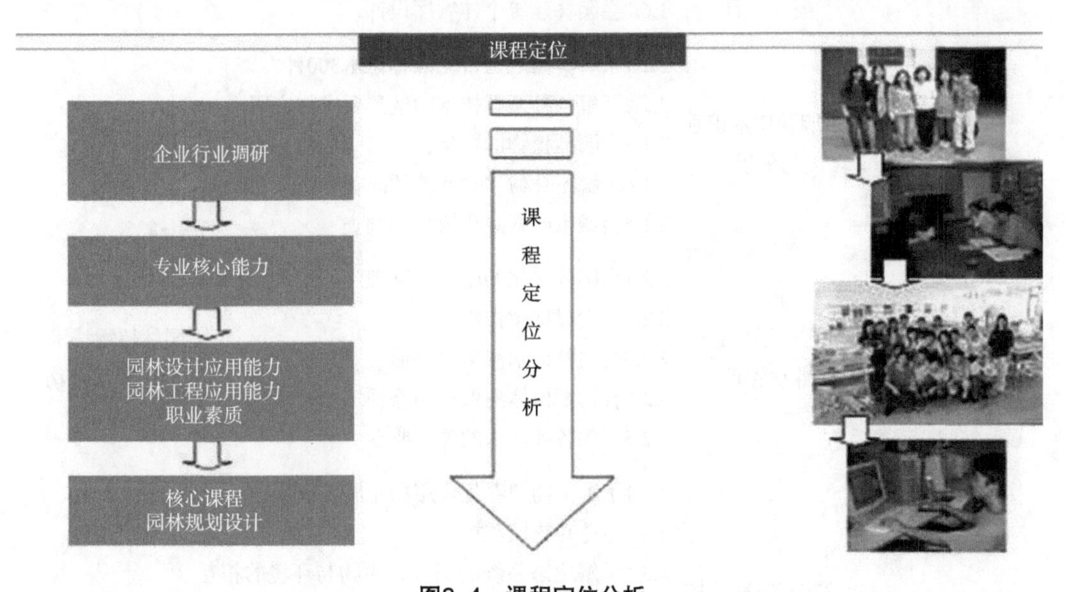

图3–4 课程定位分析

二、专业职业能力分析

风景园林设计专业职业能力分析如表3-1所示。

表3-1　风景园林设计专业职业能力分析

工作领域	工作任务	职业能力	课程设置
1 园林景观建筑设计	1.1建筑庭园设计	1.1.1了解庭园类别及其平面布置 1.1.2了解庭园组景 1.1.3了解室内景园 1.1.4会建筑庭园设计	园林建筑设计/建筑空间设计
	1.2园林建筑个体亭设计	1.2.1了解园林建筑个体亭 1.2.2会园林建筑个体亭设计	
	1.3园林建筑个体廊设计	1.3.1了解园林建筑个体廊 1.3.2会园林建筑个体廊设计	
	1.4园林建筑个体入口大门设计	1.4.1了解园林建筑个体入口大门 1.4.2会园林建筑个体入口大门设计	
	1.5园林建筑个体厕所设计	1.5.1了解园林建筑个体厕所 1.5.2会园林建筑个体厕所设计	
	1.6园林建筑个体餐厅设计	1.6.1了解园林建筑个体餐厅 1.6.2会园林建筑个体餐厅设计	
2 园林植物造景及应用技术	2.1园林树木识别与配置	2.1.1了解华南地区常见园林树木300种 2.1.2了解各种园林树木的选择要求与应用 2.1.3会园林植物的造景设计 2.1.4了解园林树木对环境的改善和防护功能 2.1.5会城市园林绿化树种的调查	园林植物技术应用/园林植物景观设计
	2.2园林绿化施工养护管理	2.2.1会园林绿化的施工与管理 2.2.2会大树移植技术 2.2.3会园林树木修剪与整形 2.2.4会树木树体的保护和修补 2.2.5了解各种树木的养护要点	
	2.3花卉花期调控	2.3.1了解植物的春化作用和光周期现象 2.3.2会花卉花期调控 2.3.4了解生态系统的组成，生物与环境的相互关系 2.3.5了解影响花卉生长的主要因子和植物生长调节剂的作用	

（续表）

工作领域	工作任务	职业能力	课程设置
2 园林植物造景及应用技术	2.4园林植物的繁殖技术	2.4.1了解种子的采集与贮藏 2.4.2了解花卉常用繁殖方法的基本概念和类型 2.4.3会扦插、嫁接技术和播种育苗技术 2.4.4会发芽率和发芽势的测定方法 2.4.5会组培苗的转苗移栽技术	园林植物技术应用/园林植物景观设计
	2.5园林植物的栽培	2.5.1会土壤常规测试 2.5.2会露地苗床制作 2.5.3了解国家及地方已颁布的花卉产品质量标准和技术操作规程 2.5.4了解花卉栽培工作的基本要求及质量要求 2.5.5会常见花卉盆栽技术 2.5.6会常见切花生产技术 2.5.7会常见主要切花种类适宜的花枝采收时期 2.5.8会园林植物的修剪、整形，会树桩盆景的创作、修剪、水肥管理。会山水盆景及水旱盆景的制作	
	2.6花坛设计	2.6.1了解华南地区常见花卉300种 2.6.2了解花卉养护管理的主要内容 2.6.3了解花卉运用的基本形式 2.6.4会盆栽植物材料的选择、盆花陈设的设计要求和养护管理 2.6.5会花坛设计	
	2.7园林植物常见的病虫识别与防治	2.7.1了解常见病害、虫害的识别 2.7.2了解农药的使用方法 2.7.3了解常用药剂的基本操作	
3 园林规划设计	3.1小游园的规划设计	3.1.1了解园林空间的组成设计基本原理、基本原则、基本要素 3.1.2了解园林空间的组成设计步骤 3.1.3了解园林空间的组成设计方法 3.1.4了解街道小游园设计的基本原理、基本原则、基本要素 3.1.5了解街道小游园的设计步骤和方法 3.1.6会街道小游园的设计	园林规划设计/公园规划专题设计/居住区景观专题设计/风景区规划专题设计

（续表）

工作领域	工作任务	职业能力	课程设置
3 园林规划设计	3.2城市公园规划设计	3.2.1了解主题公园规划设计的组成设计基本原理、基本原则、基本要素 3.2.2会主题公园设计步骤和方法 3.2.3会主题公园设计 3.2.4会综合性公园规划设计的组成设计基本原理、基本原则、基本要素 3.2.5会综合性公园设计步骤和方法 3.2.6会综合性公园设计	园林规划设计/公园规划专题设计/居住区景观专题设计/风景区规划专题设计
	3.3居住区环境设计的规划设计	3.3.1了解居住区绿化空间设计的组成设计基本原理、基本原则、基本要素 3.3.2会居住区绿化空间设计步骤和方法 3.3.3会居住区绿化空间设计	
4 园林工程施工与管理	4.1园林项目的施工图设计	4.1.1了解园林工程土方施工的内容 4.1.2了解园林给排水、水景工程、园路工程、假山工程、园林供电等设计施工的内容 4.1.3会土方工程计算 4.1.4会园林工程施工图的设计 4.1.5了解园林机械的基本知识 4.1.6了解园林建设工程概算与预算	园林工程施工管理/园林工程现场施工技术/园林工程预结算
	4.2园林工程基本施工方法和工序	4.2.1会园林建设工程概算与预算 4.2.2会园林机械的基本技术 4.2.3会现场施工放线和土方等操作 4.2.4会现场园林给排水、水景工程、园路工程、假山工程、园林供电等设计施工技术 4.2.5会现场园林机械的基本操作 4.2.6会现场园林工程基本施工方法 4.2.7了解园林工程基本施工工序计划	
	4.3园林工程项目的现场综合施工与管理	4.3.1会园林绿化工程合同书的起草与签订 4.3.2会园林施工进度安排与工程管理 4.3.3了解项目设计的施工管理程序与规章 4.3.4会安排组织现场园林工程工序过程 4.3.5会实际项目的工程概算与预算	

（续表）

工作领域	工作任务	职业能力	课程设置
5 城市绿地生态规划	5.1城市绿地系统生态规划	5.1.1了解城市绿地系统生态规划的目的与主要内容 5.1.2了解城市绿地的分类与指标 5.1.3了解城市绿地系统规划的依据和原则 5.1.4了解城市绿地系统布局结构 5.1.5了解城市绿化的树种规划 5.1.6了解城市生物多样性与古树名木保护规划 5.1.7会城市绿地系统规划文件的编制 5.1.8会城市绿地系统规划设计	城市绿地生态规划设计绿色生态技术应用/绿色生态技术应用
	5.2城市道路绿地生态规划	5.2.1了解城市道路绿化的概况 5.2.2了解城市道路绿化节点规划设计 5.2.3了解城市道路绿带设计 5.2.4了解城市道路绿地种植设计 5.2.5了解对外交通绿地规划设计 5.2.6会城市道路绿地规划设计	
	5.3城市广场绿地生态规划	5.3.1了解城市广场绿地的概况 5.3.2了解城市广场的绿地种植设计 5.3.3会城市广场绿地规划设计	
	5.4城市工业绿地生态规划	5.4.1了解城市工业绿地的意义和特点 5.4.2会工业绿地规划设计 5.4.3会城市工业绿地规划设计	
	5.5城市生产绿地生态规划	5.5.1了解城市生产绿地的布局和用地选择 5.5.2会园林苗圃的面积计算 5.5.3会城市生产绿地系统规划设计	
	5.6城市防护绿地规划	5.6.1了解城市防护绿地的意义和特点 5.6.2会城市绿地系统规划设计 5.6.3了解道路防护绿地	

三、课程体系整体设计

以项目任务为载体，基于岗位群工作过程系统开发课程体系。

风景园林设计专业瞄准国际先进风景园林设计教育，结合地方政府绿色生态环保举措和地方绿色景观企业构建绿色项目设计联合体，以绿色生态环保的工学结合项目为载体重组课程内容模块，立足高职园林专业学生在多元技能对支撑课程的要求，全力建设“绿色产业—绿色课程—绿色设计”的绿色平台，风景园林设计专业计划利用地区绿色产业这一平台，以工作过程为导向构建风景园林设计景观设计专业课程体系，通过对广东珠江园林建设有限公司、GVL国际怡境景观设计有限公司、山水比德设计学院、珠海市诺亚景观设计有限公司、广东水沐清华园林景观设计有限公司、珠海市规划设计院佛山分院、华南农业大学、华南理工大学、广东园林学会、佛山园林学会等十几家园林景观企业的现场调研，确定本专业的职业岗位主要是园林景观设计、园林工程施工、园林植物应用等，依据岗位群的主要工作过程，确定了行动领域（工作项目），根据行动领域总结出若干典型工作任务，再从典型工作任务中分析岗位应具有的职业能力。再将行动领域转化为能实施教学的学习领域，不断整合与探索园林树木与花卉养护管理、园林规划设计、园林工程施工三大课程能力模块的内在联系，构建专业课程体系（图3-5、图3-6）。

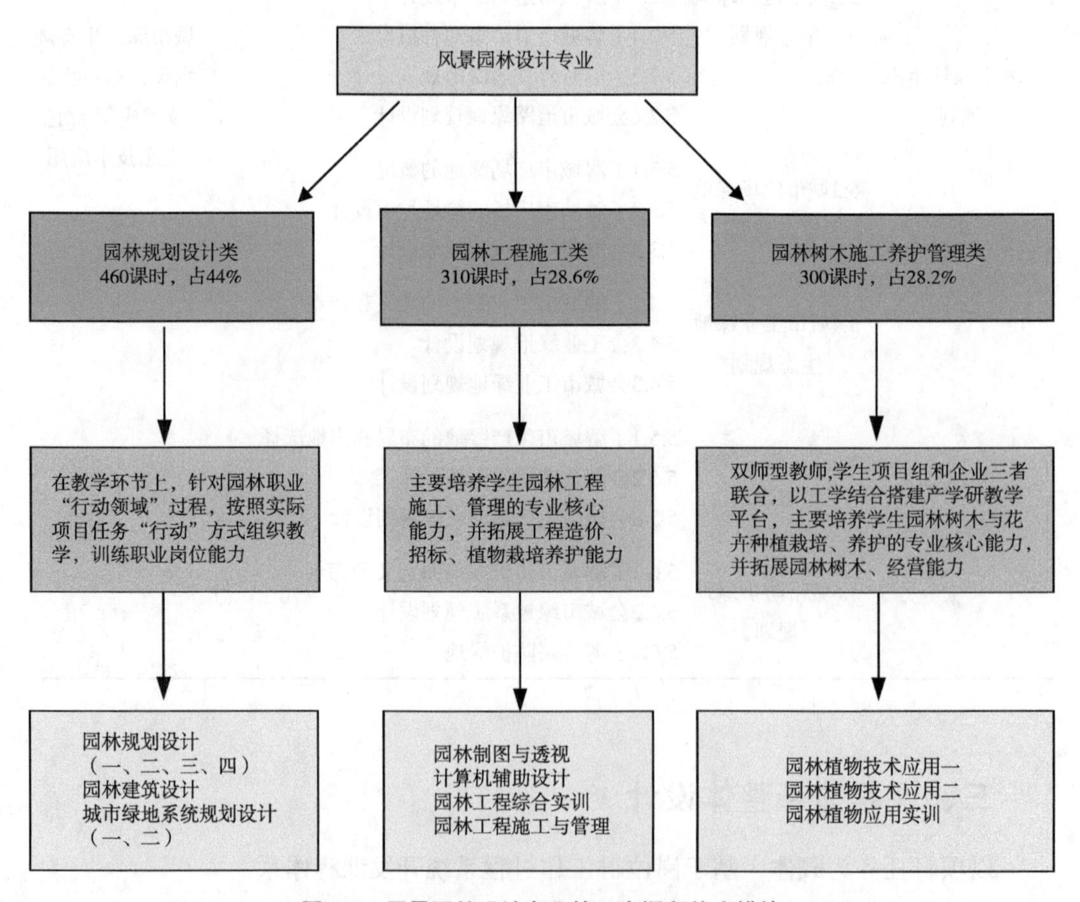

图3-5 风景园林设计专业的三大课程能力模块

整合前教学内容

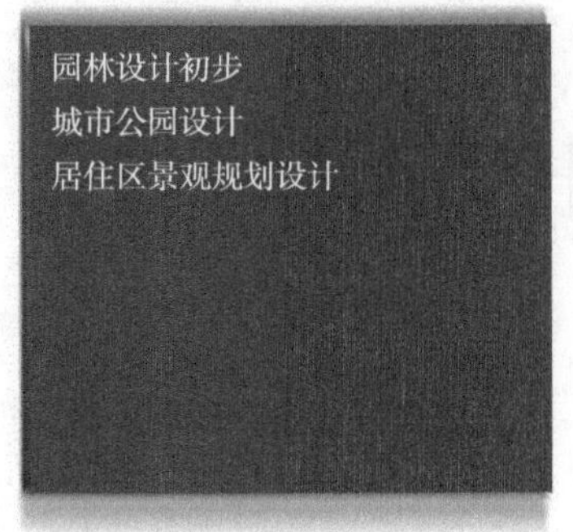

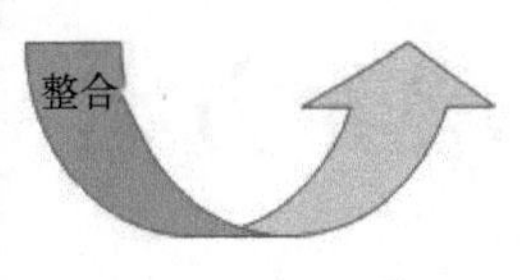

整合后教学内容

园林景观设计工作任务分析
城市广场景观规划设计
市商业步行街景观设计
居住区景观规划设计
城市公园景观规划设计
城市滨水区景观规划设计
城市道路绿化景观规划设计
旅游风景区景观规划设计

整合前教学子任务

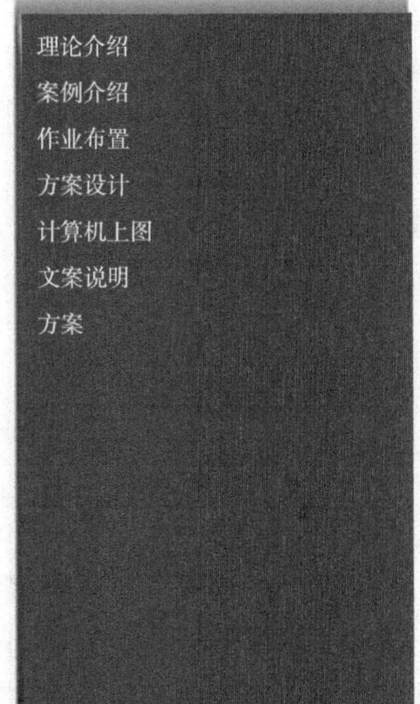

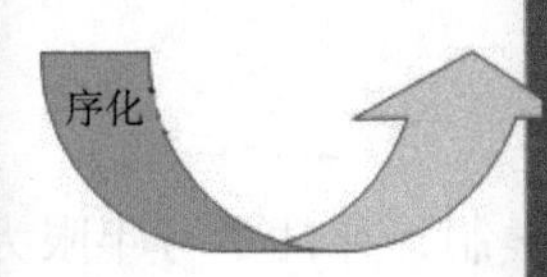

整合后教学子任务

优秀广场案例分析
城市广场咨询前提条件
现状调查分析
确定设计目标
设计主题
平面功能布局
道路组织系统设计
功能空间分区分析设计
植物绿化设计
地形设计
建筑小品设计
三维透视效果图设计
模型制作
文案说明
方案PPT汇报

图3–6 园林规划设计教学内容整合前后

第四章　风景园林设计专业人才培养方案

一、概述

（一）专业名称及代码

本专业名称是风景园林设计，代码是540105，属于建筑设计类。

（二）修业年限

基本学制三年，实行弹性学制，弹性学习年限为3～6年。

二、专业培养目标

本专业培养思想政治坚定、德技并修、全面发展，适应地方经济社会发展需要，具有风景园林技术职业素质，掌握城市绿地系统规划、各类城市绿地规划设计、风景名胜区规划设计、风景园林工程施工与管理、各类绿地植物养护管理工作等知识和技术技能，面向风景园林建设、管理或服务领域的高素质劳动者和技术技能人才。

三、职业岗位群

本专业培养人才的主要就业岗位（群）如下。

（1）在风景园林规划设计公司、园林绿化公司、房地产开发等相关部门从事风景园林专业设计、概算、城市绿化设计、城市绿地设计、城市绿地系统规划设计等工作的设计师。

（2）在园林绿化工程公司、房地产公司以及城市建设等相关部门从事风景园林工程施工、管理、预结算等工作的工程师。

（3）在园林苗木、花木公司、园林绿化施工公司以及城市建设等相关部门从事园林植物施工、养护、管理的工程师。

四、人才培养规格

培养的人才具有以下素质、知识、能力。

（一）素质

（1）具有正确的世界观、人生观、价值观。

（2）具有良好的职业道德和职业素养。

（3）具有良好的敬业精神、诚实守信的品质，具有严谨、踏实的工作作风。

（4）具有较强的逻辑思维、分析判断能力和语言文字表达能力。

（5）具有一定的计算机应用能力、英语阅读、翻译和交流能力。

（6）具有新知识、新技能的学习能力、信息获取能力和创新能力、创业能力。

（7）具有全局观念和良好的团队精神、协调能力、组织能力和管理能力。

（8）具有健康的体魄和良好的心理素质以及充沛的精力。

（二）知识

（1）掌握现代风景园林技术所必须的基础理论，如形式法则、设计方法论、视觉心理学、行为科学、社会学、色彩学等一般知识。

（2）掌握园林规划、景观设计、园林建筑设计、园林工程及管理、园林植物造景等所必须的专业知识，了解园林景观设计的发展历史和现代园林的设计理论、方向和方法，系统地研究中国园林和世界园林的造型类别、风格和美学内涵，关注本专业新的设计理论、新技术、新工艺的发展动向和趋势。

（3）了解园林工程施工与管理土方施工的内容。

（4）了解园林给排水、水景工程、园路工程、假山工程、园林供电等设计施工的内容。

（5）了解园林建设工程概算与预算。

（6）了解园林机械的基本知识。

（7）掌握土方工程计算。

（8）掌握相关学科，如建筑学、规划学、生态学、材料学、结构学、美学、给排水等的初步知识。

（9）了解和欣赏其他艺术，如文学、绘画、雕塑、环境艺术、音乐、戏曲、诗歌，具有一定的艺术鉴赏能力和审美修养。

（10）具有美学、植物学、测量学、花卉学等学科的基础理论知识和实践技能。

（三）能力

（1）能够对园林规划设计项目进行前期的资料收集和现状等情况的调查以及分析。

（2）掌握专题（包括城市公园、居住区、休闲小游园、滨水区、旅游风景区、高尔夫球场等）设计的要点、步骤、内容、要求和应用。

（3）掌握用手绘、计算机辅助软件等工具完成项目设计，设计各项完整的园林项目任务如城市公园、居住区环境设计等。

（4）遵守城市规划与园林、建筑设计中的各项行政政策、规范与行业标准等。解决园林绿地与城市规划的关系、近期与远期的发展以及考虑造价及投资的合理应用、服务经营等问题。

（5）能够应用图纸、文案与语言向客户表达设计与交流意见。

（6）掌握风景园林工程施工图的设计。

（7）掌握园林景观工程的预结算。

（8）掌握风景园林工程之土方施工，园林给排水、水景工程、园路工程、假山工程等工程技术。

（9）掌握园林工程施工的工序，进行园林绿化工程合同书的起草与拟定，进行园林施工进度安排与工程管理，具有一定的自学能力和获取信息的能力。

（10）具有指导和组织园林工程施工、解决生产及施工过程中常见技术问题的基本能力。

（11）学生应掌握园林树木的分类、习性等方面的知识，具备应用树木来建设园林的能力，并具有使树木能较长期地和充分地发挥其园林功能的能力。

（12）学生利用掌握的园林植物知识，在城市园林绿化建设中应用植物的设计、施工、种植、养护、管理、营销等产业经营等理论、技能与方法，通过广东省劳动厅组织的中级绿化工考证。

五、工作任务与职业能力分析

见表3-1。

六、专业核心课程学习内容与要求

（一）园林制图

主要学习内容：了解园林制图的规范和标准，掌握园林制图的绘图标准和基本方法，能熟练识读与绘制园林平面图和园林施工图。

主要技能要求：掌握正投影基本原理及透视图画法，会园林设计平面、立面、剖面的绘制；能够正确地表达园林视图，合理、有序地绘制园林图纸；会轴测图、建筑制图、园林平面图等，能规范绘制透视图。

（二）园林植物景观设计

学习内容：通过本课程的教学，学生应了解华南地区常见园林树木300种和各种园林树木的选择要求与设计、应用。

主要技能与要求：掌握华南地区常见园林树木的基本生态习性，能够完成园林景观规划设计项目中绿化植物的配置设计，完成园林植物景观设计，在课程中培训通过广东省劳动厅组织的中级绿化工考证。

（三）园林建筑设计

学习内容：园林建筑设计旨在让学生了解园林建筑方面的基本知识、基本理论，培养学生园林建筑设计的方法和技巧，对建筑庭园设计、园林建筑个体设计及园林建筑小品设计等均能结合传统的造园法则和技巧进行设计。

学习要求：园林建筑设计课程要求学生具备独立观察、客观分析对象的基本能力，通过课程学习和相应的课程练习，使学生会园林建筑空间、园林建筑个体设计以及园林建筑小品设计，具有自我完善、较强的图面表达能力和不断进取的意识，并且培养学生的创新意识和不断进取的精神以及培养团队合作精神。

主要技能与要求：掌握园林建筑设计的基本方法，能够完成园林景观规划设计项目中园林建筑小品设计。

（四）城市绿地系统规划

学习内容：本课程让学生了解城市绿地系统、城市五大类绿地特征以及各类绿地规划设计的内容，以及五大类绿地不同功能和地位，又了解各类绿地是有机整体的这一基本思想，明确各类绿地的规划设计项目在规划设计理念及方法上的方向。以一定的科学、技术和艺术规律为指导，特别是在景观生态学的原理应用下，充分发挥其综合功能，因地、因时制宜地选择各类城市园林绿地，进行合理规划布局，形成有机的城市生态园林绿地系统，以便创造城市健康、舒适、生态的生产、生活环境。

学习要求：城市园林绿地规划设计课程要求学生能够会城市绿地系统规划设计、会城市工业绿地规划设计、会城市广场绿地规划设计、会城市道路绿地规划设计、会城市防护绿地规划设计等。使学生会应用相关的绿地规划政策以及生态技术指导，具有独立的思考能力，养成良好的团队合作设计精神，懂得运用相关的规划政策以及正确的学习方法和步骤进行专业学习，初步形成系统的认识事物、客观辩证的分析问题并解决问题的观念。

主要技能与要求：掌握城市绿地生态规划设计的基本方法，能够完成城市园林绿地的生态规划与编制。

（五）园林规划设计

学习内容：主要内容是通过具体的小游园实际项目的规划设计，让学生能够初步设计园林空间，了解和掌握园林空间设计基本原理、基本原则、基本要素，以及步骤和技法。

学习要求：要求学生具备完整的园林规划设计能力，让学生能够设计各类实际景观绿地项目。通过课程学习和相应的课程设计，使学生具有独立的思考能力，养成良好的团队合作精神，懂得运用正确的学习方法进行专业学习，初步形成系统认识事物的观念、养成客观辩证的分析问题并解决问题的习惯。

主要技能与要求：掌握园林规划设计的基本方法，能够完成各种类型园林景观项目的规划设计，在课程学习中完成三级景观设计师考证。

（六）公园规划专题设计

学习内容：以公园规划设计为主要方向，课程通过实际的公园规划设计项目的操作，让学生了解城市公园的兴起和发展，公园规划的基本理论以及公园规划的要点、步骤、内容及要求等。

学习要求：要求学生具备完整的公园规划设计能力，让学生能够设计各类实际公园绿地项目。通过课程学习和相应的课程设计，使学生具有独立的思考能力，养成良好的团队合作精神，懂得运用正确的学习方法进行专业学习，初步形成系统认识事物的观念、养成客观辩证的分析问题并解决问题的习惯。

主要技能与要求：掌握公园规划设计的基本方法，能够完成公园景观项目的规划设计，在课程学习中完成三级景观设计师考证。

（七）居住区景观专题设计

学习内容：以居住区景观设计为主要方向，本课程通过实际的居住区环境规划设计项目的操作，让学生了解居住区景观设计的基本内容、空间构成，居住区环境绿化的作用与功能，掌握具体的居住区绿地规划实际项目设计、儿童游戏场与游具设计、绿化树种选择与植物配置、居住区建筑小品设计等园林设计的原则、方法和技巧，创造一个安全、优美、舒适、生态的居住区环境。

学习要求：要求学生具备完整的居住区景观设计能力，让学生能够对实际居住区项目进行景观规划设计。通过课程学习和相应的课程设计，使学生具有独立的思考能力，养成良好的团队合作精神，懂得运用正确的学习方法进行专业学习，初步形成系统认识事物的观念、养成客观辩证的分析问题并解决问题的习惯。

主要技能与要求：掌握居住区景观设计的基本方法，能够完成居住区景观设计项目的规划设计，在课程学习中完成三级景观设计师考证。

（八）风景区规划专题设计

学习内容：以风景区规划为主要方向，本课程通过实际的风景区规划规划设计项目的操作，让学生了解风景区规划设计的基本内容、空间构成，风景区规划绿化的作用与功能，掌握具体的风景区规划实际项目设计、绿化树种选择与植物配置、园林设计的原则、方法和技巧，创造一个安全、优美、舒适、生态的风景区环境。

学习要求：要求学生具备完整的风景区规划设计能力，让学生能够对实际风景区规划项目等进行景观规划设计。通过课程学习和相应的课程设计，使学生具有独立的思考能力，养成良好的团队合作精神，懂得运用正确的学习方法进行专业学习，初步形成系统认识事物的观念、养成客观辩证的分析问题并解决问题的习惯。

主要技能与要求：掌握风景区规划的基本方法，能够完成各种类型风景区规划景观项目的规划设计，在课程学习中完成三级景观设计师考证。

（九）园林工程施工管理

学习内容：通过实际园林工程项目的操作，让学生了解园林施工图的设计内容、园林工程基本施工方法和工序，了解园林工程土方施工的内容。了解园林给排水、水景工程、园路工程、假山工程、园林供电等设计施工的内容，了解园林机械的基本知识和园林工程项目的现场综合施工与管理，了解园林建设工程概算与预算，了解园林工程基本施工工序计划，了解项目设计的施工管理程序与规章。

学习要求：会土方工程计算，会园林工程施工图的设计，会园林建设工程概算与预算，会园林机械的基本技术，会现场施工放线和土方等操作，会现场园林给排水、水景工程、园路工程、假山工程、园林供电等设计施工技术，会现场园林机械的基本操作，会现场园林工程基本施工方法，会园林绿化工程合同书的起草与签订，会园林施工进度安排与工程管理，会安排组织现场园林工程工序过程，会实际项目的工程概算与预算。

主要技能与要求：掌握园林工程施工的基本工序及园林施工图的设计内容，能够完成各种类型园林景观项目的现场施工指导及施工图的绘制，在课程学习中取得中级施工员证书。

七、毕业要求

（一）证书要求

（1）必须通过（获得）高级室内装饰设计师。

（2）推荐通过（获得）中级绿化工、景观设计师、施工员、注册监理师。

（3）通过高等学校计算机等级一级考试（或以上）。

（4）通过高等学校英语应用能力B级（或以上）。

（二）学分要求

学生学完人才培养方案规定的课程，成绩合格，获得规定的学分，方可取得全日制高职专科毕业证书。

八、教学进程总体安排

三年制专业总周数为118周，其中教学总周数为109周，含3周军事理论学习；两年制专业总周数为78周，其中教学总周数为71周，含3周军事理论学习。

教学进程安排详见附件“课程教学计划进程表”。

附件　课程教学计划进程表

课程类别	课程性质	课程编号	课程名称	核心课程	总学分	总学时	计划学时			公共课课外实践	各学期课内周学时分配						考核方式
							课内总学时	课堂教学 理论讲授	课堂教学 课程实践		一 17	二 19	三 19	四 19	五 19	六 16	
公共基础课程	必修课	000973	毛泽东思想和中国特色社会主义理论体系概论	▲	4	72	54	54		18			4/14				★
		000974	思想道德修养与法律基础	▲	4	72	54	54		18		4/14					★
		000980	形势与政策		1	48				48							
		001079	哲学基础		2.5	46	36	36		10				4/9			★
		002546	职业生涯规划		1	18				18	2/1	2/2	2/2	2/2	2/2		
		001396	大学国文	▲	2	36	36	36				4/9					★
		001232	高职英语	▲	7	126	126	126			4/14	4/18					★
		001299	体育		3.5	64	64	8	56		2/14	2/18					

（续表）

课程类别	课程性质	课程编号	课程名称	核心课程	总学分	总学时	计划学时			公共课课外实践	各学期课内周学时分配						考核方式
							课内总学时	课堂教学			一	二	三	四	五	六	
								理论讲授	课程实践		17	19	19	19	19	16	
公共基础课程	必修课	002084	计算机应用基础	▲	2.5	46	46	24	22		4/12						★
		001397	大学生心理健康教育		1.5	28	24	24		4		2/12					
		002564	创新基础		1	18	18	18			4/5						
		002565	创业基础		1	18	18	18			4/5						
		000509	军训（含军事理论）		3	54	54			3w	3w						
			小计		34	646	530	398	78	116+3w	182+3w	256	60	40	4		
	限选课	001198	艺术设计专业英语		2	36	36	36						36			
		001188	伦理学中的生活智慧		2	36	36	36					36				
			小计		4	72	72	72					36	36			
	公共基础必修课程合计				38	766	674	542	78	116+3w	182+3w	256	96	76	4		
	任选课		公共任选课小计		4	72	72	72									
专业课程	必修课	003456	风景素描与色彩基础		3	54	54	36	18		9/6						
		003457	景观快速表现技法		3	54	54	36	18		9/6						
		003458	风景园林构成基础		3	54	54	36	18		9/6						
		001531	计算机辅助设计（一）		3	54	54	36	18			9/6					
		001525	计算机辅助设计（二）		3	54	54	36	18			9/6					
		003459	园林制图	▲	3	54	54	32	22			9/6					★
		003460	园林植物技术应用		3	54	54	32	22			9/6					
		001556	现代设计史		2	36	36	36					2/18				
		003461	园林植物景观设计	▲	3	54	54	32	22				9/6				★

（续表）

课程类别	课程性质	课程编号	课程名称	核心课程	总学分	总学时	计划学时			公共课课外实践	各学期课内周学时分配						考核方式
							课内总学时	课堂教学			一	二	三	四	五	六	
								理论讲授	课程实践		17	19	19	19	19	16	
专业课程	必修课	003462	园林建筑空间设计		2.5	46	46	24	22				9/6				
		003463	园林建筑设计	▲	4	72	72	62	10				8/9				★
		001632	园林测绘		1	18	18		18				5/2				
		003464	园林规划设计	▲	4	72	72	62	10					8/9			★
		003465	公园规划专题设计	▲	4	72	72	62	10					8/9			★
		003466	绿色生态技术应用		2.5	46	46	46						16/3			
		003467	城市绿地系统规划	▲	4	72	72	62	10					8/9			★
		003501	居住区景观专题设计	▲	4	72	72	62	10						8/9		★
		003468	风景区规划专题设计	▲	4	72	72	62	10						8/9		★
		001451	园林工程施工管理	▲	4	72	72	62	10						8/9		★
		003469	风景园林设计专业考察		2	36	36		36						18/2		
		003470	风景园林设计专业顶岗实习		26	468	468			20w						20w	
		003471	风景园林设计专业毕业设计（论文）		4	72	72			4w					4w		
			小计		88	1 658	1 658	816	302		162	216	190	262	252+4w	20w	
	任选课	001670	跨界创新		2.5	46	46	46			8	8	10	10	10		
		001548	摄影技术		2	36	36	24	12			4/9					
		002571	园林工程预结算		1.5	28	28	28							4/7		
		003570	园林工程施工技能应用		2	36	36	36	0						4/9		
		001644	插花技能训练		2	36	36	36	0					4/9			
		专业任选课小计			10	182	182	170	12		8	44	8	44	76		

（续表）

课程类别	课程性质	课程编号	课程名称	核心课程	总学分	总学时	计划学时			公共课课外实践	各学期课内周学时分配						考核方式
							课内总学时	课堂教学			一	二	三	四	五	六	
								理论讲授	课程实践		17	19	19	19	19	16	
专业课程合计					98	1 840	1 840	986	314	24w	170	260	198	306	328+4w	20w	
所有课程合计					140	2 598	2 598	1 600	392	116+27w	352+3w	516	294	382	332+4w	20w	
学分、学时及平均周学时统计											25.14 285 714	27.15 789 474	15.47 368 421	20.10 526 316	22.13 333 333		

九、专业师资配置与要求

（一）师资队伍

1. 专业负责人的基本要求

专业负责人要求硕士，具有副教授，双师素质。

2. 专任教师与兼职教师的配置与要求

专业在校生人数	专任教师		兼职教师	
	要求	数量	要求	数量
150	专业带头人，硕士，具有副教授，双师素质； 教师，硕士，中高级，双师素质	6	本科，工程师以上	6

包括专任教师和兼职教师。各专业在校生与该专业的专任教师之比不高于25∶1（不含公共课）。专业带头人原则上应具有高级职称，“双师型”教师一般不低于60%，兼职教师应主要来自行业企业。

（二）教学设施

1. 校内实践教学条件配置与要求

实验实训室	设备配置	设备功能与要求	职业能力培养
共享型材料展示实训室	园林材料	展示、组装	辨认材料，选用材料
	园林设备	展示、组装	辨认设备，选用设备

（续表）

实验实训室	设备配置	设备功能与要求	职业能力培养
园林建筑模型实训室	模型工具	制作模型	使用工具，制作模型
	模型展示	展示、组装	使用工具，制作模型
景观技术研发中心实训室	电脑设备、输出设备、展示设备、软件设备、扫描设备	绘图、输出、展示、扫描	用电脑绘制图纸，操作电脑软件，打印输出操作、扫描图纸
园林测绘实训基地	测量设备	测量、处理数据	使用测量设备，处理测量数据
绿色建筑咨询及生态评价实训室	电脑设备、输出设备、展示设备、软件设备、扫描设备	绘图、输出、展示、扫描	用电脑绘制图纸，操作电脑软件，打印输出操作，扫描图纸，处理测量数据
项目教学教室实训基地	电脑设备、输出设备、展示设备、软件设备、扫描设备	绘图、输出、展示、扫描	用电脑绘制图纸，操作电脑软件，打印输出操作，扫描图纸，处理测量数据
园林预结算及招标实训室	电脑设备、输出设备、展示设备、软件设备	预算、模拟招标、输出、展示	用电脑绘制做预算，模拟招标，操作电脑软件，处理预算数据
鲜花冷冻干燥实训室	园林材料	展示、组装	辨认材料，选用材料
	园林设备	展示、组装	辨认设备，选用设备

2. 校外实践教学条件配置与要求

实训基地	基地功能与要求	职业能力与素质培养
广东省珠江园林建设工程有限公司	风景园林规划设计	设计前期工作、景观方案设计、景观制图
	风景园林施工	景观施工图设计、景观施工管理
广州国际怡境景观规划设计公司	风景园林规划设计	设计前期工作、景观方案设计、景观制图
珠海诺亚景观规划设计有限公司	风景园林规划设计	设计前期工作、景观方案设计、景观制图
陈村花卉世界	植物综合应用	植物综合应用
广东水沐清华景观规划设计有限公司	风景园林规划设计	设计前期工作、景观方案设计、景观制图
香港绿色建筑研究院	风景园林规划设计	设计前期工作、景观方案设计、景观制图
广州山水比德景观设计有限公司	风景园林规划设计	设计前期工作、景观方案设计、景观制图

教学设施应满足本专业人才培养实施需要，其中实训（实验）室面积、设施等应达到国家发布的有关专业实训教学条件建设标准（仪器设备配备规范）要求。信息化条件保障应能满足专业建设、教学管理、信息化教学和学生自主学习需要。

十、其他说明

（一）教学资源

教材、图书和数字资源满足学生专业学习、教师专业教学研究、教学实施和社会服务需要。严格执行国家和省（区、市）关于教材选用的有关要求，健全本校教材选用制度。根据需要组织编写本校教材，开发教学资源。

（二）教学方法

结合地方政府绿色生态环保举措和地方绿色景观企业构建绿色项目设计联合体，以绿色生态环保的工学结合项目为载体重组课程内容模块，立足高职风景园林设计专业学生在多元技能对支撑课程的要求，全力建设“绿色产业—绿色课程—绿色设计”的绿色平台，风景园林设计专业计划利用地区绿色产业这一平台，以工作过程为导向构建风景园林设计景观设计专业课程体系，提出实施教学的方法指导建议，指导教师依据专业培养目标、课程教学要求、学生能力与教学资源，采用适当的教学方法，以达到预期教学目标。倡导因材施教、因需施教，鼓励创新教学方法和策略，采用理实一体化教学、案例教学、项目教学等方法，坚持学中做、做中学。

（三）教学评价

对学生的学业考核评价内容应兼顾认知、技能、情感等方面，评价应体现评价标准、评价主体、评价方式、评价过程的多元化，如观察、口试、笔试、顶岗操作、职业技能大赛、职业资格鉴定等评价、评定方式。加强对教学过程的质量监控，改革教学评价的标准和方法。

（四）质量管理

建立健全校院（系）两级的质量保障体系。以保障和提高教学质量为目标，运用系统方法，依靠必要的组织结构，统筹考虑影响教学质量的各主要因素，结合教学诊断与改进、质量年报等职业院校自主保证人才培养质量的工作，统筹管理学校各部门、各环节的教学质量管理活动，形成任务、职责、权限明确，相互协调、相互促进的质量管理有机整体。

第五章　风景园林设计专业核心课程标准

第一节　《园林制图》课程标准

一、课程名称

《园林制图》

二、适用专业

适用高职院校的风景园林设计等专业。

三、课程性质

本课程是园林设计的专业基础课程之一，以投影为原理，系统介绍画法几何、园林制图的标准、规格、类型、特点、基本方法、制图实例和透视技能，是风景园林设计专业不可缺少的专业基础知识之一，是学习绘画表达和设计技能、园林规划设计技能必备的基本功。

四、课程设计

该课程结合高职、高专的学制、培养目标及教学特点，以培养学生的读图能力为主，以提高学生的读、绘能力为目标，使学生具备独立正确、完整而规范的图纸表达的能力。课程通过以掌握三视图、剖面图与断面图的绘制，轴侧投影的绘制，透视图的绘制，建筑施工图的绘制，园林设计图的绘制等五个工作任务为五个单元，每单元都以典型工作任务为载体，将对学生理论知识应用和职业实操能力的培养有机结合起来，使学生具备独立正确、完整而规范的图纸表达的能力，缩短教学内容与岗位需求的差距，达到具备园林制图的应用能力。

五、课程教学目标

1. 知识目标

（1）了解投影的基本知识。
（2）了解制图的基本知识。
（3）了解形体表达的基本知识以及表达方法。
（4）了解轴侧投影的知识以及表达方法。
（5）了解建筑制图基础知识及其有关规定。
（6）了解建筑施工图以及表达方法。
（7）了解园林设计图以及表达方法。

2. 技能目标

（1）能准确测量现场测绘，绘制园林平面图及一些立面图、大样图、节点图。
（2）根据三视图绘制透视图。
（3）将手绘制图用电脑表现。
（4）具备绘制轴侧图能力。
（5）具备绘制三视图能力。
（6）具备绘制剖、断面图能力。
（7）具备绘制园林局部设计制图能力。
（8）具备绘制园林整体设计制图能力。
（9）具备绘制建筑施工图设计制图能力。

3. 素质目标

课程职业素质目标的设计包括正确遵守行业规范，培养自我管理能力、管理他人以及设计创新与继承的能力，具有尊重岗位，尊重他人的精神，团体的协作性和较强的合作精神以及自我学习的机会，主动探寻并基本抓住园林制图与透视中的背景和本质的素养；较熟练地用准确、简练、规范的设计图纸表达设计思想的素养。

六、参考学时与学分

54学时，3学分。

七、课程结构

序号	学习任务（单元、模块）	职业能力	知识、技能、态度要求	教学活动设计	学时
1	三视图、剖面图与断面图的绘制	熟练掌握绘画工具的运用 掌握制图的基本标准以及一般方法和步骤 掌握点、直线和平面的三面正投影制图 掌握形体基本视图/剖视图/剖面图以及其他表达方法	了解投影的基本知识 了解制图的基本知识 了解形体表达基本知识以及表达方法 了解园林制图标准规范	运用实物讲解三视图和断面图的绘制，课堂练习	12
2	轴侧投影的绘制	掌握轴侧投影绘制方法	要求学生了解轴侧图的基本知识 要求学生了解轴侧图的种类及其画法 了解园林制图标准规范	现场示范一些立体台面的轴侧图，学生练习相结合	12
3	透视图的绘制	掌握透视图绘制方法 掌握根据三视图绘制透视图	要求学生了解透视图的基本知识 要求学生了解透视图的种类及其画法 了解园林制图标准规范	绘制学校大门的透视图	12
4	建筑施工图的绘制	掌握建筑总平面图/立面图/剖面图/建筑详图及详图索引符号的作图方法	要求学生了解建筑制图基础知识 了解建筑制图的有关规定 掌握建筑制图基础知识及其有关规定	用一公园施工图做练习	12
5	园林设计图的绘制	能准确测量现场测绘，绘制园林平面图及一些立面图、大样图、节点图 掌握园林设计图的绘制	了解园林设计图的基本知识 了解园林设计图的基本知识造园要素的画法 了解园林设计图的绘制	用一已经绘制完成的小区施工图做练习	16
合计					64

八、资源开发与利用

继续进行利用网络课程进行教学方式、方法、手段、内容改革的尝试，不断完善素材，修订、完善网络课程的内容，建立多媒体教学资源库的同时重点建设师生互动教学网络系统，使之成为教师远程、多方位指导一线学生操作平台，构建影响较大的网络课程教学系统。建立并完善课堂教学、实践教学、科研等多层次多结构，基于现代网络技术的理论教学和实践科研教学立体化的教学方法和设备。通过岗位和培养相结合的方式加快教师队伍水平的提高，以及教学、科研实力的增强，保持教师队伍一流水平。完善多媒体建设，包括多媒体课件及相关图片资料。

（一）教材编写与使用

1.依据本课程标准选用或编写教材，应由专业教师和企业人员合作进行课程开发与设计。

2.教材在课程内容的选取过程中，应充分体现理论与实践相结合的原则，理论内容为实践服务，以够用为原则，贯穿在实践操作中讲解，突出培养学生就业所需的职业能力。

3.推荐教材

中国电力出版社　马光红　吴舒琛　伍培　主编　《建筑制图与识图》；

中国电力出版社　马光红　李永存　伍培　主编　《建筑制图与识图习题集》。

（二）数字化资源开发与利用

上课提供大量的实际工程案例和相关网站

http://210.28.216.15:7999/jzzt/default.htm江苏广播电视大学教育网站《画法几何和建筑制图》等

http://www.china-yuanlin.com/中国园林网

http://www.usaodin.com/中国风景园林网

http://www.u047.com/中国园林设计网

http://www.cila.cn/中国景观网

http://corp.3721.com/中国景观规划设计网

http://www.abbs.com.cnabbs/建筑论坛

http://www.turenscape.com/土人景观网

http://www.landscapecn.com/info/景观中国网

http://www.china-landscape.com/中国园林绿风建设网

http://www.ela.cn/info/world.asp中国景观建筑资讯网

九、教学建议

（一）教学方法

本课程教学采用多媒体的教学方式，进行设计理论和设计案例教学，并根据需要参观实际设计工程项目、设计展览等相关活动，丰富教学手段，结合课内设计实验提高教学效果。

（二）教学条件

开展本课程教学需要在有绘图桌等绘图设备的实训室进行。

十、教学评价

（1）课程考核按综合实训与实践操作、制作作品相结合。
（2）成绩评定与等级评定相结合。
（3）教师、学生、专家评价相结合。
（4）学校、企业、社会评价相结合。
（5）课程的考核评价类型：园林制图的正确性30%，园林制图的规范性40%，园林制图的完整性与团体协调合作能力30%。
（6）课程作业成绩50%，最终闭卷考试50%。

第二节 《园林植物景观设计》课程标准

一、课程名称

《园林植物景观设计》

二、适用专业

适用高职院校的风景园林设计专业，又可适用于高职园林技术专业。

三、课程性质

本课程作为风景园林设计专业景观方向必修的一门主干课程，分成两大模块，一是主要讲授园林植物中的花卉学知识；二是讲授园林植物景观规划设计。通过花卉学课程的学习，使学生掌握花卉的分类、识别、生态习性、繁殖、栽培管理及应用等方面的基础理论和实践技能；通过园林植物景观规划设计的学习，为城市园林规划设计中园林植物的配植打下坚实基础，是培养合格的植物配置高级专门人才所必不可少的课程之一。

四、课程设计

本课程目标是以合理的教学方法保证良好的教学效果，采取理论与实践相结合，辅之以实验实习和多媒体教学手段。本课程共4个学分，64学时，分为理论教学和实践教学两个部分，其中理论教学为48学时，在理论知识方面，要求学生掌握花卉分类原理及方法；花卉种质资源及分布特点；花卉的生态习性及花卉生长发育基本规律；花卉繁殖、栽培的原理；花卉应用的基本原则等以及园林植物的观赏特性与文化；园林植物景观规划设计的基本原理和艺术手法；园林植物景观规划设计的布局；园林植物与建筑、山体、水体、园路；园林植物景观规划设计的基本形式；园林植物景观规划设计步骤等。实践教学为16学时，本课程开展了常见园林花卉的识别、花坛、花境的园林种植设计等实践项目，在教学过程中，理论部分和实践部分相互交叉、相互配合，使学生能在实践中理解、体会和加深课堂所学的知识，增加对理论知识的学习兴趣，提高学生将知识应用到实践中去的能力。实践教学中，要求学生熟练识别100种常见花卉，掌握各类花卉的应用形式，动手进行花坛、花境等的园林种植设计与布置，动手进行植物配置的设计与实践。

五、课程教学目标

（一）总体目标

了解花卉、园林花卉的概念和花卉种质资源分布特点以及各类花卉的生态习性、观赏特性、繁殖栽培管理技术要点、园林应用和花卉繁殖、栽培的基本原理。要求学生熟练识别100种花卉；掌握各类花卉的应用形式，动手进行花坛、花境等的园林种植设计与布置，动手进行植物配置的设计与实践。

（二）具体目标

1. 知识目标

（1）了解国内外园林花卉的应用现状及发展动态。

（2）了解花卉、园林花卉的概念和花卉种质资源及分布特点。

（3）了解花丛、花丛式花坛、模纹花坛、花境、室内盆栽和吊篮等的花卉设计形式特点。

（4）了解各类花卉的生态习性、观赏特性、繁殖栽培管理技术要点及园林应用和花卉繁殖、栽培的原理。

（5）了解花卉应用的基本原则。

（6）了解园林植物的观赏特性与文化。

（7）了解园林植物景观规划设计的基本原理和艺术手法。
（8）了解园林植物景观规划设计的布局。
（9）了解园林植物与建筑、山体、水体。

2. 技能目标

（1）要求学生熟练识别100种花卉。
（2）能够依据花卉的生态习性和生态环境对常见花卉进行分类。
（3）能动手进行花坛、花境等的园林种植设计。
（4）能运用花卉文化，依据花卉的文化内涵在适宜的场合应用花语。
（5）对常见的场所进行植物的配置设计。

3. 素质目标

（1）培养学生团结友爱以及吃苦耐劳的精神。
（2）培养良好的审美观。
（3）培养团结协作、沟通、协调的能力。

六、参考学时与学分

54学时，3学分

七、课程结构

序号	学习任务（单元、模块）	职业能力	知识、技能、态度要求	教学活动设计	学时
1	认识园林花卉的现状及应用动态	在花卉的实际应用中能够正确地理解园林花卉概念的广义性和狭义性	1.了解国内外园林花卉的应用现状及发展动态 2.了解花卉在人类生活中的作用	了解花卉、园林花卉的概念	4
2	园林花卉分类的应用	1.要求学生理解花卉的人为分类方法 2.能够依据花卉的生态习性对常见花卉进行分类 3.能够依据花卉栽培的生态环境对花卉进行分类	1.了解依据花卉原产地气候型的分类方法 2.了解依据花卉的生态习性对花卉进行分类的基本方法，为学习“花卉栽培技术”“植物配植与造景”等专业课打下基础	通过本单元的学习，了解各种花卉实用分类的方法	4

（续表）

序号	学习任务（单元、模块）	职业能力	知识、技能、态度要求	教学活动设计	学时
3	花坛、花境、花台、专类园的设计	1.能依据不同环境特点选择适宜的花卉应用形式 2.熟悉掌握花坛、花境、专类园的设计 3.能运用花卉文化，依据花卉的文化内涵在适宜的场合应用花语	1.了解标题式花坛、立体花坛、吊篮及中国十大名花、常见花卉的花语 2.了解花丛、花丛式花坛、模纹花坛、花境、室内盆栽、组合栽培和吊篮的花卉设计形式特点	通过对本单元的学习，要求学生能够了解花卉应用中花台、花钵、垂直绿化、混合花坛、专类园、低维护花园和室内园林等花卉设计形式	4
4	一、二年生花卉的应用	1.能识别20种常见的一、二年生花卉 2.能熟练应用一、二年生花卉，并能独立进行一、二年生花卉的繁殖栽培和养护管理	1.了解一、二年生花卉的概念及特点 2.了解常见一、二年生花卉的生态习性、观赏特性、繁殖栽培管理技术要点及园林应用，为学习“花卉栽培技术”“植物配植与造景”等专业课打下基础	鸡冠花、一串红、千日红、三色堇、矮牵牛、凤仙花、万寿菊、长春花、太阳花、石竹、观赏辣椒、彩叶草、紫罗兰、夏堇、角堇、瓜叶菊	2
5	宿根花卉的应用	1.能识别20种常见的宿根花卉 2.能熟练应用宿根花卉并能独立进行宿根花卉的繁殖栽培和养护管理	1.要求学生能够了解宿根花卉的概念及特点 2.了解常见宿根花卉的生态习性、观赏特性、繁殖栽培管理技术要点及园林应用，为学习“花卉栽培技术”“植物配植与造景”等专业课打下基础	认识金粟兰、草珊瑚、倒挂金钟等20种宿根花卉，并熟练掌握其在园林中的用法	4
6	球根花卉的应用	1.能识别20种常见的球根花卉 2.能熟练应用球根花卉并能独立进行球根花卉的繁殖栽培和养护管理	1.要求学生能够了解球根花卉的概念及特点 2.了解常见球根花卉的生态习性、观赏特性、繁殖栽培管理技术要点及园林应用，为学习“花卉栽培技术”“植物配植与造景”等专业课打下基础	认识大丽花、仙客来、姜花等20种球根花卉，并熟练掌握其在园林中的用法	4

（续表）

序号	学习任务（单元、模块）	职业能力	知识、技能、态度要求	教学活动设计	学时
7	水生花卉的应用	1.能识别10种常见的水生花卉 2.能熟练应用水生花卉，并能独立进行水生花卉的繁殖栽培和养护管理	1.要求学生能够了解水生花卉的概念及特点 2.了解常见水生花卉的生态习性、观赏特性、园林应用，并了解水生植物配置的要点	掌握美人蕉、黄菖蒲等10种水生植物，并动手进行水生园林植物配置设计	4
8	盆栽观叶类花卉的应用	1.能识别20种常见的室内观叶类花卉 2.能熟练应用室内观叶类花卉，并能独立进行室内观叶类花卉的繁殖栽培和养护管理	1.要求学生能够了解室内观叶类花卉的概念及特点 2.了解常见室内观叶类花卉的生态习性、观赏特性及园林应用	掌握银叶菊、红掌、万年青等20种常见观叶植物，并掌握其在园林配置中的用法	4
9	盆栽观花类花卉的应用	1.能识别10种常见的室内观花类花卉 2.能熟练应用室内观花类花卉，并能独立进行室内观花类花卉的繁殖栽培和养护管理	1.要求学生能够了解室内观花类花卉的概念及特点 2.了解常见室内观花类花卉的生态习性、观赏特性及园林应用	掌握长寿花、蟹爪兰等10种常见室内观花类花卉以及其在园林配置中的用法	2
10	盆栽观果类和室内切花类花卉的应用	1.能识别8种常见的室内观果类花卉 2.能熟练应用室内观果类花卉，并能独立进行室内观果类花卉的繁殖栽培和养护管理 3.能识别常见切花类花卉，并能独立进行繁殖和栽培管理	1.了解盆栽观果类花卉和切花类花卉的概念以及特点 2.了解常见室内观果类花卉和切花类花卉的生态习性、观赏特性及园林应用	掌握佛手柑、红掌等8种观果类花卉以及切花类花卉，并掌握其园林植物配置的用法	2
11	常用专类花卉的应用	1.能识别8种兰科花卉和20种多肉植物 2.掌握兰科花卉和多肉植物的生态习性、观赏特性、繁殖栽培管理技术要点及园林应用	1.了解兰科花卉和多肉植物的含义和范畴 2.了解兰科花卉和多肉植物的生态习性、观赏特性及园林应用	认识大花蕙兰、文心兰等8种兰科植物，了解国兰和洋兰的区别，掌握兰科植物在植物配置中的用法和兰科植物的文化特征	4

（续表）

序号	学习任务（单元、模块）	职业能力	知识、技能、态度要求	教学活动设计	学时
12	园林植物景观规划设计的基本原理和艺术手法	1.生态学原理 2.美学原理 3.艺术手法	了解园林植物景观规划设计的两个基本原理：生态学原理和美学原理	理解园林植物景观规划设计的艺术手法，如主景与配景、借景、对景、框景、夹景、漏景	4
13	园林植物景观规划设计的布局	1.平面布置 2.立面构图 3.空间围合 4.空间景观设计	1.了解园林植物景观规划设计的平面布局、立面构图 2.了解园林植物景观规划设计的空间构成——围合空间以及空间组织	绘制植物配置平面图、立面图，分析不同层次之间的空间关系	4
14	园林植物与建筑、山体、水体、园路	1.园林植物与建筑 2.园林植物与山体 3.园林植物与水体 4.园林植物与园路	了解园林植物与其他园林要素之间的空间关系和配置方法	掌握园林植物与其他园林要素之间的空间关系	4
15	园林植物景观规划设计的基本形式	1.植物配置的原则 2.园林树木的配置形式 3.专类园的园林植物景观规划设计	1.了解植物配置的四大原则：自然原则、生态原则、文化原则以及美学原则 2.了解植物专类园的设计方法，以及水生植物专类园和岩生植物专类园的设计方法	掌握园林树木的配置形式：孤植、对植、丛植、群植、列植、林植	4
16	园林植物景观规划设计的设计步骤	园林植物景观规划设计的五步法	了解园林植物景观规划设计的五个步骤，并进行实践	园林植物景观规划设计练习	4
合计					54

八、资源开发与利用

（一）教材编写与使用

选取岭南地区常见园林花卉作为教材的主要内容。教材中应该多突出花卉的应用形式举例。

（二）数字化资源开发与利用

建立常见园林花卉植物数据库，数据库为关键字可查询模式，结合一些植物识别软件，让学生可以遇到花卉时，方便自学。

九、教学建议

（一）教学方法

实施“三式一线”的实践教学模式。以《园林植物景观设计》的应用能力和职业素质培养作为主线，采用融合式、实践—理论反复式（即开课前学生参加室内花卉及多肉花卉如仙人掌、芦荟等的栽植和管理，先做后学，再带着问题查阅书籍，然后边学边做，通过实践过程再去查阅书籍进行总结提升）、二级培养式（即在实践运作中实施个性培养，分层次培养，先培养出小先生，再由小先生培养其他同学）的教学模式开展教学。教学模式新颖，突出学生的主体地位，强调动手操作技能的培养，适合高职教育规律，教学效果显著。

（二）教学条件

多媒体教室，园林花卉部分主要以图片和多媒体的形式讲授，并结合现场实践，因此需要到岭南花卉市场等地考察。

十、教学评价

（一）考核方式

采用设计闭卷考试的模式。

（二）成绩评定办法

平时成绩（15%）+动手操作（15%）+课外实训（20%）+闭卷考试（50%）=期末成绩。

第三节 《园林建筑设计》课程标准

一、课程名称

《园林建筑设计》

二、适用专业

适用高职院校的风景园林设计专业，又可适用于高职环境艺术设计、园林技术等专业。

三、课程性质

本课程是在《园林建筑空间设计》的基础上开展的项目设计课程，在学生对一些基本建筑空间有一定的认识后，利用这些空间知识做具体园林建筑空间设计。它是学生技能学习的重要内容；它是学科的专业核心课程，也是一门专业必修课程。

四、课程设计

作为专业核心课程的重要组成，面对的是具有一定设计基础的大二学生。因此，在课程设计上导入真实企业案例，通过案例的实施过程完成项目教学。师资安排采用校内教师讲授，企业设计师辅导的模式；学生成立项目小组，模拟设计院工作模式，每个项目小组完成一套完整的滨水空间环境规划设计方案文本，并且全班公开答辩。

五、课程教学目标

通过课程学习，让学生基本掌握园林空间构筑物及小品的基本概念、基本尺度、设计原理、设计方法、步骤技巧等。在项目设计过程能够灵活运用这些原理、步骤、技巧和方法，完成一个完整的小品和园林建筑设计任务。

通过项目小组学习，加强了同学之间的交流与沟通，让学生初步具备规范、沟通、创造、合作、能力、信心、责任、生态、调查、管理等职业素养。

六、参考学时与学分

72课时，4学分。

七、课程结构

序号	学习任务（单元、模块）	职业能力	知识、技能、态度要求	教学活动设计	学时
1	景观座椅设计	解决座椅与景观关系问题	1.了解景观座椅的功能 2.了解景观座椅的形式 3.了解景观座椅的材料 4.了解现代景观座椅设计思路 5.了解景观座椅的设计表达	引入景观座椅项目案例进行设计	12
2	景观亭子设计	解决亭子认知、尺度、设计创意与氛围营造问题	1.了解亭子的发展史 （路亭、驿站亭—观景、景观亭） 2.了解亭子的造型体量 3.了解亭子的类型与形式（传统—现代） 4.了解亭子的比例尺度（亭的面阔与柱高之比、亭柱的细长比等） 5.了解亭子的构造形式 6.了解亭子的设计表达	引入景观亭项目案例进行设计	20
3	茶、餐厅设计	解决景观建筑认知的问题	要从餐饮建筑的基本功能（规范要求）说起…… 1.建筑是功能与形式统一和谐的产物 2.不应该抛开功能只谈形式，或者抛开形式只谈功能 3.孰重孰轻，因地制宜	引入茶室项目案例进行设计	32
4	设计综合汇报	培养口头方案表述及临场应变能力	1.掌握基本的办公软件表达 2.学会设计方案汇报	综合设计内容，整理汇报文本	16
合计					72

八、资源开发与利用

（一）教材编写与使用

教材建设要明确培养目标，要紧紧围绕培养高等技术应用性专门人才开展工作。课程教材要加强针对性和实用性，把必要的概念、原理融入应用实例，把设计方法、原理及技术手段贯穿项目的实施过程。

教材内容的选择应改变重理论轻实践应用的偏向，全面考虑理论与实践的关系，应当使学生了解科学理论来源于实践，形成于科学的探究过程，还要回到技术、生活和社会的应用中去。

（二）数字化资源开发与利用

开发建设共享资源课网站或平台，注重无形课程拓展资源的建设，便于学生进一步的学习与提升。无形课程资源特点是以潜在的方式存在，如当地的历史经验、民俗风情、社会问题等。这些课程资源虽然不能直接构成教育教学内容，但它能对教育教学质量、对学生的成长起着持久的潜移默化的影响作用。

九、教学建议

（一）教学方法

在教学过程中建议小组合作的工作坊教学，采用自学导教的教学尝试，充分调动学生学习的主动性，学生自主学习，老师或企业设计师做好引导工作。结合企业项目实地调查设计、PPT汇报、辩论赛和撰写小论文的教学手段，培养学生的综合技术应用能力。

（二）教学条件

项目性教学，需要有固定的工作坊，配备相应的电脑办公设备，便于工作、讨论、修改、展示、汇报。

十、教学评价

评价建议建立多方位考察、全面评价、重视过程，过程性评价结合终结性评价，小组评价和个体评价的结合，再加上企业与学校的结合，并且与国家职业技能鉴定紧密结合的多元化考核评估模式。

学生考核：课堂纪律（20%）+平时成绩（30%）+考试成绩（50%）=总评成绩（100%）。

第四节 《园林规划设计》课程标准

一、课程名称

《园林规划设计》

二、适用专业

适用高职院校的风景园林设计专业，又可适用于高职环境艺术设计、园林工程技术等专业。

三、课程性质

本课程是园林规划设计系列课程之一，它是对城市公园、休闲小游园、滨水区、旅游风景区等规划设计的学科。本课程学习的中心内容是：通过了解园林景观设计的图纸表示方法，园林规划设计的工作步骤和思维方法和所要遵循的基本原则，组成园林空间的四大元素以及实际项目设计中的设计构思过程和具有代表性的园林景观设计作品，让学生能按照园林规划设计的过程进行实际项目的设计；掌握基本园林景观项目的设计。它与城市规划、建筑学、环境科学、生物学（尤其是植物学）、自然地理学等学科，水、电、路、桥工程以及历史、文学、艺术等都有密切关系。简而言之，它是科学、技术与艺术的高度综合，是学生技能学习的重要内容；它是学科的专业核心课程，也是一门专业必修课程。

四、课程设计

本课程可根据学生的学习情况，结合实际，按照循序渐进的原则，园林规划设计本着从小到大的原则，分阶段、分课题进行教学，一般说来，先从局部景观接点设计着手，然后再过渡到完整的景区设计（包括地形、植物景观、水景观设计及建筑物和构筑物），加强学生的空间处理能力和艺术造型能力，提高学生的艺术品位。教学过程中强调课内实验（学习课题）、课外实验（实际项目）、课外考察（实施项目），巩固理论知识相结合。

五、课程教学目标

（一）总体目标

培养学生了解园林景观设计的图纸表示方法，学会园林用地规划设计的图解方法，学会园林规划设计基本原则与方法。能运用园林景观空间元素进行项目设计，能按照“分析—构思—方案设计—方案”的深化设计的过程进行设计。掌握正确的园林规划设计思维能力，并且具备规范、沟通、创造、合作、能力、信心、责任、生态、调查、管理等职业素养。

（二）具体目标

1. 知识目标

（1）了解园林制图的基本知识和园林景观设计的图纸表示方法。
（2）了解进行园林规划设计的工作步骤和思维方法及所要遵循的基本原则。
（3）了解组成园林空间的四大元素：地形、水、植物、园林构筑物。
（4）了解实际项目设计中的设计构思过程。
（5）了解具有代表性的园林景观设计作品。

2. 技能目标

（1）能绘制园林景观平面图、立面图、剖面图。
（2）能按照园林规划设计的过程进行实际项目的设计。
（3）学会园林用地规划设计的图解方法。
（4）学会园林规划设计的基本设计方法。
（5）能运用规划设计方案构思的基本方法进行项目设计。

3. 素质目标

（1）具有初步的设计创新意识和敬业精神。
（2）培养良好的艺术审美观。

六、参考学时与学分

72课时，4学分。

七、课程结构

序号	学习任务（单元、模块）	职业能力	知识、技能、态度要求	教学活动设计	学时
1	绘制一个别墅及其周围环境的平面图、立面图、剖面图	能绘制园景平面	了解园林景观设计的图纸表示方法： 1.建筑及园景的平面、立面、剖面概念及画法 2.地形图的表示方法 3.园景平面的组成及表示方法	1.引入项目案例进行设计分析，理解基本的项目构成 2.对建成的园林空间进行测量，理解尺度的概念	10
2	小型庭院设计	1.能按照园林规划设计的过程进行实际项目的设计 2.学会园林用地规划设计的图解方法 3.学会园林规划设计基本原则与方法	了解进行园林规划设计的工作步骤和思维方法和所要遵循的基本原则： 1.园林规划设计的过程 2.基地调查和分析 3.园林用地规划 4.园林规划设计基本原则与方法	引入小型庭院设计项目，利用小型庭院设计基本原理、基本原则、基本要素进行方案整体设计	30
3	小型景观节点设计	能运用园林景观空间元素进行项目设计	了解组成园林空间的四大元素：地形、水、植物、园林构筑物： 1.园林空间的地形 2.园林空间的水 3.园林空间的植物 4.园林空间的构筑物 5.园林空间的设计	小型景观节点设计	8
4	某一街道小游园的规划设计（面积约2 000平方米）	1.能按照“分析—构思—方案设计—方案深化”的过程进行设计 2.学会规划设计方案构思的基本方法	了解具体设计案例，理解设计构思过程在实例中的运用 1.园林规划场地现状及分析 2.园林规划设计方案构思与比较 3.园林规划设计方案的深化	引入某一街道小游园的规划	8
5	具有代表性的园林景观设计作品分析和临绘	能对优秀设计作品进行客观的评价和欣赏	了解具有代表性的园林景观设计作品——景观大道、广场、综合公园、居住小区景观规划： 1.景观大道的设计欣赏 2.广场的设计欣赏 3.综合公园的设计欣赏 4.居住小区景观规划的设计欣赏	引入具有代表性的园林景观设计作品分析和临绘	16
合计					72

八、资源开发与利用

（一）教材编写与使用

教材建设要明确培养目标，要紧紧围绕培养高等技术应用性专门人才开展工作。课程教材要加强针对性和实用性，把必要的概念、原理融入应用实例，把设计方法、原理及技术手段贯穿项目的实施过程。已经编写了《园林景观规划设计》。

教材内容的选择应改变重理论轻实践应用的偏向，全面考虑理论与实践的关系，应当使学生了解科学理论来源于实践，形成于科学的探究过程，还要回到技术、生活和社会的应用中去。

（二）数字化资源开发与利用

开发建设共享资源课网站或平台，注重无形课程拓展资源的建设，便于学生进一步的学习与提升。无形课程资源特点是以潜在的方式存在，如当地的历史经验、民俗风情、社会问题等。如以下这些课程资源虽然不能直接构成教育教学内容，但它能对教育教学质量、对学生的成长起着持久的潜移默化的影响作用。

1. 专著

[1] 王仲谷，李锡然. 1984. 居住区详细规划[M]. 北京：中国建筑工业出版社.

[2] 郦湛若. 1987. 园林建筑小品[M]. 合肥：安徽科学技术出版社.

[3] 城市园林绿地规划编写组. 城市园林绿化设计[M]. 北京：中国建筑工业出版社.

[4] 北京市园林局. 1996. 北京园林优秀设计集锦[M]. 北京：中国建筑工业出版社.

[5] 周逸湖，宋泽方. 1994. 高等学校建筑、规划与环境设计[M]. 北京：中国建筑工业出版社.

[6] 王晓俊. 2001. 西方现代园林设计[M]. 南京：东南大学出版社.

[7] 刘滨谊. 2010. 现代景观规划设计[M]. 南京：东南大学出版社.

[8] 余树勋. 1998. 花园设计[M]. 天津：天津大学出版社.

[9] 郑宏. 2006. 环境景观设计[M]. 北京：中国建筑工业出版社.

[10] 王受之. 1999. 世界现代建筑史[M]. 北京：中国建筑工业出版社.

[11] Jimena，Martignoni，郝培尧，等. 2017. 景观设计[M]. 大连：大连理工大学出版社.

[12] 杨向青. 2004. 园林规划设计[M]. 南京：东南大学出版社.

[13] 王晓俊. 2009. 风景园林设计[M]. 南京：江苏科学技术出版社.

2. 相关网站

http://www.china-yuanlin.com/中国园林网

http://www.usaodin.com/中国风景园林网

http://www.u047.com/中国园林设计网

http://www.cila.cn/中国景观网

http://corp.3721.com/中国景观规划设计网

http://www.abbs.com.cnabbs/建筑论坛

http://www.turenscape.com/土人景观网

http://www.landscapecn.com/info/景观中国网

http://www.china-landscape.com/中国园林绿风建设网

http://www.ela.cn/info/world.asp中国景观建筑资讯网

九、教学建议

（一）教学方法

摆脱了学科体系的束缚，而采用工学结合的最新案例与实际项目以及以项目任务为中心来调整新的教学方法。

（1）“Workshop”项目教学模式。

（2）项目案例讨论答辩式教学。

（3）实景案例启发型教学。

（4）讲练结合型教学。

（5）成果激励。

（二）教学条件

项目性教学，需要有固定的工作坊，配备相应的电脑办公设备，便于工作、讨论、修改、展示、汇报。

十、教学评价

（一）基本思路

鉴于本课程的操作性强，建立多方位考察、全面评价、重视过程，课程设计过程性评价结合终结性评价（30%），小组评价和个体评价的结合（30%），再加上企业与学校的结合（30%），并且与国家职业技能鉴定（10%）紧密结合的多元化考核评估模式。

（二）课程设计评分标准：总分100分

设计构思：25%；设计表达：30%；图纸完整性：15%；语言表达能力：10%；文案说明：5%；合作态度：15%。

（三）项目设计要求

（1）总体规划意图明显，符合园林绿地性质、功能要求，布局合理。

（2）种植设计树种选择正确，能因地制宜地运用种植类型，符合构图要求，造景手法丰富。

（3）图面表现能力强，整洁美观，图例、文字标注，图幅符合制图规范。

（4）说明书语言流畅，言简意赅，能准确地对图纸进行说明，体现设计意图。

（四）项目课程要求

（1）方案过程用手绘表达。

（2）总平面图、现状分析图、交通分析图、植物种植设计图、功能分区图、景观结构分析图、竖向设计图、生态系统分析图、鸟瞰透视图、小品透视图、公共设施示意图、设计说明等用PS形式表达。

（3）用PPT的方式答辩课题并点评作品。

（4）用展板形式在教学楼展厅展出。

第五节　《公园规划专题设计》课程标准

一、课程名称

《公园规划专题设计》

二、适用专业

适用高职院校的风景园林设计专业，又可适用于高职环境艺术设计、园林技术等专业。

三、课程性质

本课程是园林规划设计专题课程之一，它是对城市公园等规划设计的学科。公园规划设计需要解决园林建设中的许多问题，建园的意图和特点；内容、形式和布局；要考虑地形、地貌如何处理，有什么主要建筑设施，园路如何布置，选择什么样的植物并合理配置等；而且还要解决园林绿地与城市规划的关系、近期与远期的发展以及考虑造价及投资的合理应用、服务经营等问题，是学生技能学习的重要内容；它是学科的专业核心课程，也是一门专业必修课程。

四、课程设计

作为专业核心课程的重要组成，面对的是具有一定设计基础的大三学生。因此，在课程设计上导入真实企业案例，通过案例的实施过程完成项目教学。

（1）“双师型”教师，以工学结合搭建产学研平台。

（2）以真实的项目任务为支撑，应用“工学结合”在教学组织上以实践教学为课程主线，实现理论与实践的一体化。

（3）以学生为主体，教学方法创新。

（4）针对园林职业“行动领域”工作过程，按照“资讯—计划—决策—实施—检查—评估”的“行动”方式系统改革教学方法和教学手段。

（5）学生职业能力和职业素质培养的突出课程开放。

（6）通过“Workshop”小组模式，利于对学生进行职业角色的定位，开展体验性学习，促进学生职业能力发展。

五、课程教学目标

始终坚持以学生为中心、以任务为中心的原则，在以项目教学为主要特征的学习情境中让园林专业的学生，不仅掌握了园林相关的基础专业知识，更是从实际项目的运作过程中去掌握一种知识的应用和创新，全方位激发学生积极性，培养高素质的园林设计技能人才。

课程通过以公园案例项目分析及测量各类园林小品设计，公园植物配置与造景，主题公园改造设计，综合公园设计四个工作任务，选择既先进又实用的设计实例，使学生达到能够进行城市公园、休闲小游园、旅游风景区等规划设计。

通过项目小组学习，加强了同学之间的交流与沟通，让学生初步具备规范、沟通、创造、合作、能力、信心、责任、生态、调查、管理等职业素养。

六、参考学时与学分

72课时，4学分。

七、课程结构

序号	学习任务（单元、模块）	职业能力	知识、技能、态度要求	教学活动设计	学时
1	公园案例项目分析及测量各类园林小品设计	1.能够具有清晰的设计构思思维，具备分析项目优劣势的能力 2.熟悉园林空间基本尺度	1.会调查分析各种园林构成要素，其平面、立体和色彩的基本构成 2.会测量小型园林 3.会对小型园林小品，用（1：20）～（1：50）的比例尺，山水、道路、桥梁、假山和建筑等用手绘和电脑进行绘制 4.用PPT进行调查分析报告	1.引入项目案例进行设计分析，理解基本的项目构成 2.对建成的园林空间测量，理解尺度的概念	10
2	城市综合公园设计	能够具有方案总体协调能力，综合的解决环境规划中的问题	1.独立用手绘表现和计算机辅助软件进行主题公园规划设计 2.用文案进行表达主题公园规划设计说明 3.用PPT软件进行主题公园规划设计汇报方案 4.遵守城市规划与园林、建筑设计中的各项行政政策、规范与行业标准等	引入工程项目，利用公园规划设计组成设计的基本原理、基本原则、基本要素进行方案整体设计	30
3	公园植物配置与造景	能够利用适地适树的原则进行种植设计	1.掌握公园各种不同园林植物培植的基本规律 2.了解由园林植物构成景观素材的特点 3.了解公园植物种植设计要求，掌握园林景观设计图的制作方法	在整体方案的基础上进行植物种植设计	8
4	公园环境公共设施设计	能够进行公共设施的布局	1.了解综合公园常见的公共设施 2.掌握公共设施的设计方法	在整体方案的基础上进行环境配套设施设计	8
5	综合公园设计综合汇报	培养口头方案表述及临场应变能力	1.掌握基本的办公软件表达 2.学会设计方案汇报	综合全部设计内容，整理汇报文本	16
合计					72

八、资源开发与利用

（一）教材编写与使用

教材建设要明确培养目标，要紧紧围绕培养高等技术应用型专门人才开展工作。课程教材要加强针对性和实用性，把必要的概念、原理融入应用实例，把设计方法、原理及技术手段贯穿项目的实施过程。

教材内容的选择应改变重理论轻实践应用的偏向，全面考虑理论与实践的关系，应当使学生了解科学理论来源于实践，形成于科学的探究过程，还要回到技术、生活和社会的应用中去。

（二）数字化资源开发与利用

开发建设共享资源课网站或平台，注重无形课程拓展资源的建设，便于学生进一步的学习与提升。无形课程资源特点是以潜在的方式存在，如当地的历史经验、民俗风情、社会问题等。这些课程资源虽然不能直接构成教育教学内容，但它能对教育教学质量、对学生的成长起着持久的潜移默化的影响作用。

九、教学建议

（一）教学方法

在教学过程中建议小组合作的工作坊教学，采用自学导教的教学尝试，充分调动学生学习的主动性，学生自主学习，老师或企业设计师做好引导工作。结合企业项目实地调查设计、PPT汇报、辩论赛和撰写小论文的教学手段，培养学生的综合技术应用能力。

（1）注意生源特点，延伸学生的参与深度，充分发挥学生学习主体作用。课程内容的教学注意高职生源结构特点，发挥学生主体作用，以“从实践到理论再到实践”的模式安排课程内容顺序。

（2）教法与学法改革，探索以项目导向为主旨的“从实践到理论再到实践”教学模式。教法上以项目教学法为主，灵活运用任务驱动法、探究式教学、发现式教学、问题式教学、情境式教学、支架式教学、讨论式教学、合作教学、案例教学、随机访问教学等多种教学方法开展本课题教学改革。

（二）教学条件

项目性教学，需要有固定的工作坊，配备相应的电脑办公设备，便于工作、讨论、修改、展示、汇报。

十、教学评价

1. 基本思路

鉴于本课程的操作性强，建立多方位考察、全面评价、重视过程，课程设计过程性评价结合终结性评价（30%），小组评价和个体评价的结合（30%），再加上企业与学校的结合（30%），并且与国家职业技能鉴定（10%）紧密结合的多元化考核评估模式。

2. 课程设计评分标准：总分100分

设计构思：25%；设计表达：30%；图纸完整性：15%；语言表达能力：10%；文案说明：5%；合作态度：15%。

3. 项目设计要求

（1）总体规划意图明显，符合园林绿地性质、功能要求，布局合理。

（2）种植设计树种选择正确，能因地制宜地运用种植类型，符合构图要求，造景手法丰富。

（3）图面表现能力强，整洁美观，图例、文字标注、图幅符合制图规范。

（4）说明书语言流畅，言简意赅，能准确地对图纸进行说明，体现设计意图。

4. 项目课程要求

（1）方案过程用手绘表达。

（2）总平面图、现状分析图、交通分析图、植物种植设计图、功能分区图、景观结构分析图、竖向设计图、生态系统分析图、鸟瞰透视图、小品透视图、公共设施示意图、设计说明等用PS形式表达。

（3）用PPT的方式答辩课题并点评作品。

（4）用展板形式在教学楼展厅展出。

第六节 《绿色生态技术应用》课程标准

一、课程名称

《绿色生态技术应用》

二、适用专业

适用高职院校的风景园林设计专业，又可适用于高职园林技术、环境艺术设计、建筑设计等专业。

三、课程性质

本课程主要的内容是城市绿地景观生态设计，以生态学和景观生态学原理为基础，在保护或修复自然生态过程的条件下，从自然资源利用、能量使用和材料使用3个方面研究城市绿地景观格局、功能格局以及景观形态规划以及技术体系规划的生态设计，其中包含的思想和方法对园林设计有较强的指导作用，是进行园林规划设计生态设计的重要指导原则和依据，是风景园林设计专业的必修专业课程。

四、课程设计

本课程通过以前期策划、景观格局规划、功能格局规划、景观形态规划、技术体系规划为5个学习情境，学会城市绿地生态设计的原理、步骤、技巧和方法等，具备城市绿地生态设计前期策划、城市绿地生态设计景观格局规划、城市绿地生态设计功能格局规划、城市绿地生态设计景观形态规划、城市绿地生态设计技术体系规划的能力。课程内容与企业实践紧密结合，以职业活动来引导组织教学，以“应用”为主旨和特征构建景观生态教学内容和课程体系，按照突出应用性、实践性的原则更新教学内容和重组课程内容结构。项目来自企业实际，项目小组至少必须做完所有基本项目。

五、课程教学目标

（一）总体目标

让学生在课程中掌握景观生态学的基本概念和运用原理，能在景观设计过程中有意识地运用景观生态学原理，具备对景观生态进行综合评价的能力，学会城市绿地生态设计的原理、步骤、技巧和方法等，具备城市绿地生态设计前期策划、城市绿地生态设计景观格局规划、城市绿地生态设计功能格局规划、城市绿地生态设计景观形态规划、城市绿地生态设计技术体系规划的能力，并把人类社会的可持续发展贯穿于景观规划设计的过程中，并且具备规范、沟通、创造、合作、能力、信心、责任、生态、调查、管理等职业素养。

（二）具体目标

1. 知识目标

（1）了解城市生态绿地实践和相关理论的发展，城市生态公园规划设计研究的理论应用对策及方法框架。

（2）了解前期策划的概念及内容，设计目标、选址、项目规模、功能与空间模式。

（3）了解景观格局规划的概念、原则与方法、了解景观元素以及理想景观格局。

（4）了解功能格局规划的概念与原则。

（5）了解景观形态规划概念与原则。

（6）了解技术体系规划的概念与原则。

2. 技能目标

（1）能分析城市绿地系统生态绿地的性质，研究设计目标、选址、项目规模、功能与空间模式等内容。

（2）能以生态学和景观生态学原理为基础，分析绿地的空间布局和形态的景观生态学意义，能满足不同设计目标的空间布局模式，能分析生态适宜性。

（3）能在保护或修复自然生态过程的条件下，选择或安排绿地的各种使用功能，能使用功能体系建构方法，能使用功能总容量控制的方法。

（4）能理解城市生态绿地景观形态规划的立意，能掌握城市生态绿地景观形态规划的形式建构。

（5）能利用自然资源，能使用能量，能使用材料。

3. 素质目标

课程职业素质目标的设计包括正确遵守行业规范，培养自我管理能力以及管理他人的能力，具有尊重岗位，尊重他人的精神，团体的协作性和较强的合作精神以及自我学习的机会。

六、参考学时与学分

46学时，2.5学分。

七、课程结构

序号	学习任务（单元、模块）	职业能力	知识、技能、态度要求	教学活动设计	学时
1	城市生态绿地的前期策划研究	能分析在城市绿地系统生态绿地的性质，研究设计目标、选址、项目规模、功能与空间模式等内容	1.了解城市生态绿地实践和相关理论的发展，城市生态公园规划设计研究的理论应用对策及方法框架 2.了解前期策划的概念及内容，设计目标、选址、项目规模、功能与空间模式	理解什么是生态规划设计	8

（续表）

序号	学习任务（单元、模块）	职业能力	知识、技能、态度要求	教学活动设计	学时
2	城市生态绿地景观格局规划	掌握生态规划设计的相关生态学理论	了解景观格局规划的概念、原则与方法、了解景观元素以及理想景观格局	1.能以生态学和景观生态学原理为基础，分析绿地的空间布局和形态的景观生态学意义 2.能满足不同设计目标的空间布局模式 3.能分析生态适宜性	8
3	城市生态绿地功能格局规划	1.景观的结构：斑块—廊道—基质模式 2.景观的功能：以及其作用机制 3.景观格局的组织原则	了解功能格局规划的概念与原则	1.能在保护或修复自然生态过程的条件下，选择或安排绿地的各种使用功能 2.能使用功能体系建构方法 3.能使用功能总容量控制的方法	8
4	城市生态绿地景观形态规划	1.能城市生态绿地景观形态规划的立意 2.能城市生态绿地景观形态规划的形式建构	了解景观形态规划概念与原则	1.土地利用适宜性分析 2.景观格局分析以及环境容量分析	14
5	城市生态绿地技术体系规划	1.能利用自然资源 2.能使用能量 3.能使用材料	了解技术体系规划的概念与原则	1.基于设计技巧的生态设计方法 2.基于工程技术的生态设计方法	13
合计					46

八、资源开发与利用

（一）教材编写与使用

推荐教材一本：骆天庆，王敏，戴代新. 2008. 现代生态规划设计的基本理论与方法[M]. 北京：中国建筑工业出版社.

（二）数字化资源开发与利用

因为课程设计到较多的生态学理论，比较难理解，因此需要很多生态规划的案例，尤其是有前期生态学调查的案例，让学生理解生态环境与生态规划设计之间的关系。

九、教学建议

（一）教学方法

在教学过程中建议小组合作的工作坊教学，采用自学导教的教学尝试，充分调动学生学习的主动性，学生自主学习，老师做好引导工作。结合实地调查、PPT汇报、辩论赛和撰写小论文的教学手段，重点培养学生的景观生态意识。

（二）教学条件

多媒体教室，教学以理论讲解和案例分析为主，并结合实地调查开展。

十、教学评价

评价建议建立多方位考察、全面评价、重视过程，过程性评价结合终结性评价，小组评价和个体评价的结合，再加上企业与学校的结合，并且与国家职业技能鉴定紧密结合的多元化考核评估模式。

第七节　《城市绿地系统规划》课程标准

一、课程名称

《城市绿地系统规划》

二、适用专业

适用高职院校的风景园林设计专业。

三、课程性质

本课程是一门具有综合性的课程，它与城市规划、建筑学、环境科学、生物学（尤其是植物学）、自然地理学等学科都有密切关系。主要介绍城市园林绿地系统规划、各类园林绿地详细规划、风景区规划以及园林绿地的功能作用、基本组成要素、构图理论等必要的基础知识。旨在让学生掌握在城市绿地规划中如何定位绿地性质，因地制宜地选择各类城市园林绿地，进行合理规划布局，形成有机的城市园林绿地系统。在绿地的建设中运用植物、建筑、山石、水体等园林物质要素，以一定的科学、技术和艺术规律为指导，充分发挥其综合功能。它是风景园林设计专业的核心主干课程。

四、课程设计

课程以培养高素质技能型人才为目标，以突出学生职业能力培养为核心，力求做到理论与实际相结合，继承与创新相结合。课程通过介绍城市绿地的分类、绿地系统规划知识，以及各类公共绿地规划设计等工作任务，将对学生理论知识应用和职业实操能力的培养有机结合起来，使学生具备独立完成各类城市绿地规划设计的能力，缩短教学内容与岗位需求的差距，初步达到各类城市绿地规划设计的应用能力。

教学中强调实践教学环节，选择既先进又实用的设计实例，对知识点的选择进行更深层次的思考和改革，改革教学大纲为教学标准，改变传统上按照学科教学的方式，改变以往的课程内容比较强调课程中知识点和单项技能的掌握，重视知识和技能在实际工作中的综合应用问题，着重在于培养学生解决实际问题的能力，实现完整的训练，帮助学生实现城市绿地规划设计所学知识的整合与职业能力的全面提高。

五、课程教学目标

课程通过各类公共绿地系统规划及各类绿地规划设计等5个工作任务，让学生了解城市生态绿地系统规划设计的基本工作、具备各种不同城市生态绿地设计的能力，掌握总体设计方案阶段、城市生态绿地设计局部详细设计阶段等设计应用能力并且具备规范、沟通、创造、合作、能力、信心、责任、生态、调查、管理等职业素养。

六、参考学时与学分

72学时，4学分。

七、课程结构

序号	学习任务（单元、模块）	职业能力	知识、技能、态度要求	教学活动设计	学时
1	城市绿地系统规划	熟悉国家行业标准（2002）绿地分类，熟悉城市绿地指标的计算方法，城市绿地发展不同阶段的标志事件，掌握规划文件汇编基本方法	了解城市园林绿地系统的功能和作用，要求学生了解城市园林绿地的类型；了解城市园林绿地系统的指标、规划原则、布局；了解城市绿化的树种规划；了解城市园林绿地规划的基础资料及文件编制	1.课堂介绍绿地系统规划的基本知识 2.用规划实例说明绿地系统规划基本原则的使用	20
2	综合性公园、儿童公园、动物园、植物园等各类公共绿地规划设计	掌握各类公共绿地规划的原则、步骤、方法和过程，技巧，具备城市生态绿地设计图纸手绘和计算机软件的表达能力	了解综合性公园功能布局形式、分区规划、景观规划、绿化设计以及植被规划	1.介绍综合性公园的原则、步骤、方法和过程，技巧，举例说明不同类型综合性公园设计的异同 2.布置综合性公园设计作业	28
3	居住区绿化与工厂绿地规划设计	掌握居住区绿化与工厂绿地规划的原则、步骤、方法和过程，技巧。包括布局形式、分区规划、景观规划、绿化设计以及植被规划，具备城市生态绿地设计图纸手绘和计算机软件的表达能力	1.了解居住区绿化的基本形式内容 2.了解居住区绿地的设计形式	介绍现代小区的景观设计思潮和表现形式	8
4	课程总结	能够应用图纸、文案与语言向客户表达设计与交流意见	熟悉PPT文本报告的制作	课程作业汇报	14
合计					72

八、资源开发与利用

（一）教材编写与使用

教材建设要明确培养目标，要紧紧围绕培养高等技术应用型专门人才开展工作。课程教材要加强针对性和实用性，把必要的概念、原理融入应用实例，把设计方法、原理及技术手段贯穿项目的实施过程。

教材内容的选择应改变重理论轻实践应用的偏向，全面考虑理论与实践的关系，应当使学生了解科学理论来源于实践，形成于科学的探究过程，还要回到技术、生活和社会的应用中去。

（二）数字化资源开发与利用

开发建设共享资源课网站或平台，注重无形课程拓展资源的建设，便于学生进一步的学习与提升。无形课程资源特点是以潜在的方式存在，如当地的历史经验、民俗风情、社会问题等。这些课程资源虽然不能直接构成教育教学内容，但它能对教育教学质量，对学生的成长起着持久的潜移默化的影响作用。

九、教学建议

（一）教学方法

教学方法摆脱了学科体系的束缚，而采用工学结合的最新案例与实际项目以及以项目任务为中心来调整新的教学方法。采用多媒体教学，结合课内实验、课外实验与课外考察，使理论与实践相结合；根据学生的掌握程度，灵活教学。

（1）“Workshop”项目教学模式。

（2）项目案例讨论答辩式教学。

（3）实景案例启发型教学。

（4）讲练结合型教学。

（5）成果激励。

（二）教学条件

课程以项目教学为主，要求有固定的工作空间，同时具备一定的办公、展示所需的电脑等设备。

十、教学评价

学生熟练掌握城市园林绿地系统规划设计的基本方法，能够独立完成一套综合性的城市园林绿地系统规划设计项目图纸；学生具有一定的独立思维创新能力，具备一定的园林美学理论。

评价建议建立多方位考察、全面评价、重视过程，过程性评价结合终结性评价，小组评价和个体评价的结合，再加上企业与学校的结合，并且与国家职业技能鉴定紧密结合的多元化考核评估模式。

学生考核：课堂纪律（20%）+平时成绩（30%）+考试成绩（50%）=总评成绩（100%）。

第八节 《居住区景观专题设计》课程标准

一、课程名称

《居住区景观专题设计》

二、适用专业

适用高职院校的风景园林设计专业。

三、课程性质

本课程是园林规划设计系列课程之一，侧重于居住区景观规划设计，是学生技能学习的重要内容；它是学科的专业核心课程，也是一门专业必修课程。

四、课程设计

作为专业核心课程的重要组成，面对的是具有一定设计基础的大三学生。因此，在课程设计上导入真实企业案例，通过案例的实施过程完成项目教学。师资安排采用校内教师讲授，企业设计师辅导的模式；学生成立项目小组，模拟设计院工作模式，每个项目小组完成一套完整的居住区环境规划设计方案文本，并且全班公开答辩。

五、课程教学目标

通过课程学习，让学生基本掌握居住区环境规划设计的基本概念、设计原理、设计方法、步骤技巧等。在项目设计过程能够灵活运用这些原理、步骤、技巧和方法，完成一个完整的居住区景观规划设计任务。具备居住区环境规划设计的前期策划、景观格局规划、功能格局规划、景观形态规划、技术体系规划的能力，创造自然、生态、和谐的人居环境。

通过项目小组学习，加强了同学之间的交流与沟通，让学生初步具备规范、沟通、创造、合作、能力、信心、责任、生态、调查、管理等职业素养。

六、参考学时与学分

72学时，4学分。

七、课程结构

序号	学习任务（单元、模块）	职业能力	知识、技能、态度要求	教学活动设计	学时
1	居住区环境规划设计的前期策划研究	能够具有清晰的设计构思思维，具备分析场地优劣势的能力	1.明确项目的位置、属性 2.确定项目的设计风格、景观定位 3.确定项目的服务群体：老、中、青或小孩	引入项目案例进行前期调查分析，提出设计概念	10
2	居住区环境总体设计	能够具有方案总体协调能力，综合的解决环境规划中的问题	1.掌握交通流线分析——现状交通及设计交通分析 2.掌握景观结构分析——轴线、节点 3.掌握景观功能分析——N个景观功能片区 4.掌握景观空间分析——开放，半开放，私密 5.掌握实用功能分析——总体功能，具体实施功能	在设计概念的基础上进行方案整体设计	30
3	居住区环境绿化种植设计	能够利用适地适树的原则进行种植设计	1.了解居住区常用植物的名称、生态习性 2.掌握小区植物造景手法	在整体方案的基础上进行植物种植设计	8
4	居住区环境公共设施设计	能够进行公共设施的布局	1.了解居住区常见的公共设施 2.掌握公共设施的设计方法	在整体方案的基础上进行环境配套设施设计	8
5	居住区环境设计综合汇报	培养口头方案表述及临场应变能力	1.掌握基本的办公软件表达 2.学会设计方案汇报	综合全部设计内容，整理汇报文本	16
合计					72

八、资源开发与利用

（一）教材编写与使用

教材建设要明确培养目标，要紧紧围绕培养高等技术应用型专门人才开展工作。课程教材要加强针对性和实用性，把必要的概念、原理融入应用实例，把设计方法、原理及技术手段贯穿项目的实施过程。

教材内容的选择应改变重理论轻实践应用的偏向，全面考虑理论与实践的关系，应当使学生了解科学理论来源于实践，形成于科学的探究过程，还要回到技术、生活和社会的应用中去。

（二）数字化资源开发与利用

开发建设共享资源课网站或平台，注重无形课程拓展资源的建设，便于学生进一步的学习与提升。无形课程资源特点是以潜在的方式存在，如当地的历史经验、民俗风情、社会问题等。这些课程资源虽然不能直接构成教育教学内容，但它能对教育教学质量、对学生的成长起着持久的潜移默化的影响作用。

九、教学建议

（一）教学方法

在教学过程中建议小组合作的工作坊教学，采用自学导教的教学尝试，充分调动学生学习的主动性，学生自主学习，老师或企业设计师做好引导工作。结合企业项目实地调查设计、PPT汇报、辩论赛和撰写小论文的教学手段，培养学生的综合技术应用能力。

（二）教学条件

项目性教学，需要有固定的工作坊，配备相应的电脑等办公设备，便于工作、讨论、修改、展示、汇报。

十、教学评价

评价建议建立多方位考察、全面评价、重视过程，过程性评价结合终结性评价，小组评价和个体评价的结合，再加上企业与学校的结合，并且与国家职业技能鉴定紧密结合的多元化考核评估模式。

学生考核：课堂纪律（20%）+平时成绩（30%）+考试成绩（50%）=总评成绩（100%）。

第九节 《风景区规划专题设计》课程标准

一、课程名称

《风景区规划专题设计》

二、适用专业

适用高职院校的风景园林设计专业。

三、课程性质

本课程是园林规划设计系列课程之一，有关风景区规划概述、风景资源调查、风景资源评价、风景游赏规划、环境容量与规模预测、旅游设施规划、保护培育规划、典型景观规划、基础工程规划、居民点社会调控规划、经济发展引导规划，风景区土地利用协调规划，是学生技能学习的重要内容；它是学科的专业核心课程，也是一门专业必修课程。

四、课程设计

作为专业核心课程的重要组成，面对的是具有一定设计基础的大三学生。因此，在课程设计上导入真实企业案例，通过案例的实施过程完成项目教学。师资安排采用校内教师讲授，企业设计师辅导的模式；学生成立项目小组，模拟设计院工作模式，每个项目小组完成一套完整的环境规划设计方案文本，并且全班公开答辩。

五、课程教学目标

通过课程学习，让学生基本掌握风景区规划设计的基本概念、设计原理、设计方法、步骤技巧等。在项目设计过程能够灵活运用这些原理、步骤、技巧和方法，完成一个完整的风景区规划设计任务。具备风景区规划设计的前期策划、景观格局规划、功能格局规划、景观形态规划、技术体系规划的能力，创造自然、生态、和谐的人居环境。

通过项目小组学习，加强同学之间的交流与沟通，让学生初步具备规范、沟通、创造、合作、能力、信心、责任、生态、调查、管理等职业素养。

六、参考学时与学分

72学时，4学分。

七、课程结构

序号	学习任务（单元、模块）	职业能力	知识、技能、态度要求	教学活动设计	学时
1	风景区规划的前期策划研究	能够具有清晰的设计构思思维，具备分析场地优劣势的能力	1.明确项目的位置、属性 2.确定项目的设计风格、景观定位 3.确定项目的服务群体：老、中、青或小孩	引入项目案例进行前期调查分析，提出设计概念	10
2	风景区规划总体设计	能够具有方案总体协调能力，综合的解决环境规划中的问题	1.掌握交通流线分析——现状交通及设计交通分析 2.掌握景观结构分析——轴线、节点 3.掌握景观功能分析——N个景观功能片区 4.掌握景观空间分析——开放，半开放，私密 5.掌握实用功能分析——总体功能，具体实施功能	在设计概念的基础上进行方案整体设计	30
3	风景区规划绿化种植设计	能够利用适地适树的原则进行种植设计	1.了解风景区常用植物的名称、生态习性 2.掌握风景区植物造景手法	在整体方案的基础上进行植物种植设计	8
4	风景区规划公共设施设计	能够进行公共设施的布局	1.了解风景区常见的公共设施 2.掌握公共设施的设计方法	在整体方案的基础上进行环境配套设施设计	8
5	风景区规划设计综合汇报	培养口头方案表述及临场应变能力	1.掌握基本的办公软件表达 2.学会设计方案汇报	综合全部设计内容，整理汇报文本	8
合计					64

八、资源开发与利用

（一）教材编写与使用

教材建设要明确培养目标，要紧紧围绕培养高等技术应用性专门人才开展工作。课程教材要加强针对性和实用性，把必要的概念、原理融入应用实例，把设计方法、原理及技术手段贯穿项目的实施过程。

教材内容的选择应改变重理论轻实践应用的偏向，全面考虑理论与实践的关系，应当使学生了解科学理论来源于实践，形成于科学的探究过程，还要回到技术、生活和社会的应用中去。

（二）数字化资源开发与利用

开发建设共享资源课网站或平台，注重无形课程拓展资源的建设，便于学生进一步的学习与提升。无形课程资源特点是以潜在的方式存在，如当地的历史经验、民俗风情、社会问题等。这些课程资源虽然不能直接构成教育教学内容，但它能对教育教学质量、对学生的成长起着持久的潜移默化的影响作用。

九、教学建议

（一）教学方法

在教学过程中建议小组合作的工作坊教学，采用自学导教的教学尝试，充分调动学生学习的主动性，学生自主学习，老师或企业设计师做好引导工作。结合企业项目实地调查设计、PPT汇报、辩论赛和撰写小论文的教学手段，培养学生的综合技术应用能力。

（二）教学条件

项目性教学，需要有固定的工作坊，配备相应的电脑等办公设备，便于工作、讨论、修改、展示、汇报。

十、教学评价

评价建议建立多方位考察、全面评价、重视过程，过程性评价结合终结性评价，小组评价和个体评价的结合，再加上企业与学校的结合，并且与国家职业技能鉴定紧密结合的多元化考核评估模式。

学生考核：课堂纪律（20%）+平时成绩（30%）+考试成绩（50%）=总评成绩（100%）。

第十节 《园林工程施工管理》课程标准

一、课程名称

《园林工程施工管理》

二、适用专业

适用高职院校的风景园林设计专业。

三、课程性质

本课程的培养目标是主要面向生产、建设、管理、服务第一线的高素质、高技能园林专业人才的培养目标。针对风景园林设计专业实践性强的教学条件、学生一专多能的特色和社会对高等学校园林专业人才要求等特点，以及职业教育的任务，构建了园林工程施工与管理的课程体系，根据面向生产、建设、管理、服务第一线的高素质、高技能人才的培养目标，探讨如何在最大限度地发挥园林综合功能的前提下，解决园林中的工程建筑物、构筑物和园林风景的矛盾统一问题。旨在让学生掌握工程原理、工程设计、制作模型和指导现场施工等方面的技能，把科学性、技术性和艺术性结合一致创造出技艺合一，既经济实用又美观的好作品，达到中级施工员的技能要求。

园林工程施工与管理是本专业培养职业能力的核心专业课程。该课程在园林人才的知识结构、分析问题、解决问题的能力以及素质培养过程中具有重要地位。

四、课程设计

（1）课程内容与企业实践紧密结合，以职业活动来引导组织教学。

（2）强调以园林实际项目为载体来设计园林实践教学活动，以工作结构为主线整合了理论和实践。

（3）园林工程实行“行动领域”工作过程，按照“资讯（调查现状、前期设计资料分析）—计划（施工组织设计）—决策（施工组织实施）—实施（项目施工表现）—

检查（项目研讨汇报）—评估（企业与学校共同评价）”完整的“行动”方式。

课程以培养高素质技能型人才为目标，以突出学生职业能力培养为核心，力求做到理论与实际相结合，继承与创新相结合。

通过学习不仅仅掌握了园林工程施工工程原理、工程设计、制作模型和指导现场施工等方面的技能，把科学性、技术性和艺术性结合一致创造出技艺合一，既经济实用又美观的好作品。更是从实际项目的运作过程中去结合实践的技能操作，启发和拓展学生设计的思维方法，最终让学生在理论与实践的相互结合中，不断创新，完成较完整的园林工程施工与管理。

五、课程教学目标

本课程教学始终坚持以学生为中心、以任务为中心的原则，在以项目教学为主要特征的学习情境中让园林专业的学生，不仅仅掌握了园林工程施工与管理相关的基础专业知识，更是从实际项目的运作过程中去结合实践的技能操作，掌握一种知识的应用和创新，全方位激发学生积极性，培养高素质的风景园林设计技能人才。课程通过以园林项目的施工图设计、园林工程基本施工方法和工序、园林工程实训3项工作任务为3个单元，每单元都以典型工作任务为载体，选择既先进又实用的施工实例，将对学生理论知识应用和职业实操能力的培养有机结合起来，使学生具备独立完成各种类型园林工程施工与管理的能力，缩短教学内容与岗位需求的差距，达到具备园林工程施工与管理的应用能力。并且具备规范、沟通、创造、合作、能力、信心、责任、生态、调查、管理等职业素养。

六、参考学时与学分

72学时，4学分。

七、课程结构

序号	学习任务（单元、模块）	职业能力	知识、技能、态度要求	教学活动设计	学时
1	园林项目的施工图设计	1.进行园林工程施工图的设计 2.掌握土方工程计算 3.了解园林给排水、水景工程、园路工程、假山工程、园林供电等设计	1.了解园林工程施工图设计的内容 2.了解园林工程土方施工的内容 3.了解园林给排水、水景工程、园路工程、假山工程、园林供电等设计的内容 4.了解园林机械的基本知识	课堂园林工程施工图设计基本知识，详解不同工程的施工图做法：土方工程、园林给排水、水景工程、园路工程、假山工程、园林供电等设计的内容	32

（续表）

序号	学习任务（单元、模块）	职业能力	知识、技能、态度要求	教学活动设计	学时
2	园林工程的预结算	掌握园林工程预结算的基本方法	1.了解园林工程的预结算 2.掌握有关园林工程预结算的软件	介绍工程量的计算方法，如何查找定额、介绍园林预算软件	8
3	园林工程基本施工方法和工序	能熟练掌握园林工程基本施工方法和工序	1.了解园林工程基本施工方法和工序 2.具备园林施工进度安排与工程管理的能力 3.具备进行现场施工放线和土方等操作的能力 4.具备进行现场的园林给排水、水景工程、园路工程、假山工程操作的能力	介绍现代小区的景观设计思潮和表现形式	20
4	课程总结	能够应用图纸、文案与语言向客户表达设计与交流意见	熟悉PPT文本报告的制作	课程作业汇报	12
合计					72

八、资源开发与利用

（一）教材编写与使用

选用高等职业技术教育园林专业系列教材。自编教材《园林工程施工管理》。

（二）数字化资源开发与利用

开发建设共享资源课网站或平台，注重无形课程拓展资源的建设，便于学生进一步的学习与提升。充分利用图书馆订阅了大量有关国内外园林景观设计的图书和期刊以及电子图书与电子期刊，作为教师和学生的园林设计扩充性学习资料，能够及时了解掌握国际、国内最新的园林设计专业信息。

建设课件、虚拟实验室等软件、精品课程网和课程网络教学平台等数字化电子资源，提供海量自主学习资料与信息，给学生更快捷方便的教学指导。教师利用精品课程平台给学生提供了大量的共享资源，包括上百个国内外专业网站如景观中国、美国景观设计职业网等网站的链接，国内外文献书目，丰富的专业图库、作品资料、课程课件、行业标准与企业案例等。

九、教学建议

（一）教学方法

教学方法摆脱了学科体系的束缚，而采用工学结合的最新案例与实际项目相结合并以项目任务为中心来调整新的教学方法。采用多媒体教学，结合课内实验、课外实验与课外考察，理论与实践相结合；根据学生的掌握程度，灵活教学。

（1）“Workshop”项目教学模式。

（2）项目案例讨论答辩式教学。

（3）实景案例启发型教学。

（4）讲练结合型教学。

（5）成果激励。

（二）教学条件

课程以项目教学为主，要求有固定的工作空间，同时具备一定的办公、展示所需的电脑等设备。

十、教学评价

全方位考察、全面评价、重视过程，过程性评价结合终结性评价，结合国家职业标准，建立多元化考核评价模式。

以自我学习评价等为特征的多元化考试模式与新的本课程考核评价方案；充分发挥学生学习主体的作用，在项目学习过程中培养学生的自学能力、观察能力、动手能力、研究和分析问题的能力、协作和互助能力、交际和交流能力、生活和生存的能力。

作业《××设计施工图》评分标准，按总分100分来构架：领会设计构思：10%；制图标准规范：30%；图纸完整性：20%；基本做法：20%；植物配置合理性：20%。

第六章　风景园林设计专业教师教学研究改革作品及学生优秀毕业设计作品

第一节　风景园林设计专业教师教学研究改革作品

●探索发展型、创新型、复合型的高职精品共享课程——以“园林规划设计”课程为例

江芳

Explore the Development，Innovation，and Complex Type of Top-quality Resources Sharing Courses for Higher Vocational Education：the Course of Landscape Planning and Design as an Example

Jiang Fang

摘　要：在珠三角产业升级的环境下，顺德职业技术学院“园林规划设计”课程教学团队与多家企业联合体合作进行项目课程开发，实行“Workshop”小组合作模式，对学生进行了真实工作任务的创新创业教学，打造了一个开放和共享的教学平台，达到培养发展型、创新型、复合型技术人才的目的。

关键词：园林规划设计；精品共享课程；教学平台

一、课程建设背景

近年来，广东省开展创新驱动发展战略、智能制造发展规划、广东自贸区建设、工业转型升级行动计划，顺德区“十二五”规划中要求，要进行地区产业结构调整与升级，重点发展文化创意、科技服务等12类服务业。

高职高专精品共享课程的建设，就是贯彻以服务产业为宗旨、以劳动就业为导向，突出学生职业技能培养的指导方针，打造既有适应地方产业又有较高质量的高职高专优秀课程。课程建设与改革的核心就是提高教学质量[1]。顺德职业技术学院风景园林设计专业一直把课程建设与改革作为最重要的基本建设之一，团队经过几年的努力，建设了发展型、创新型、复合型的广东省“园林规划设计”精品共享课程。

二、创新创业课程构思

在海绵城市建设背景下，“园林规划设计”精品共享课程教学团队的老师们通过对珠三角海绵城市建设岗位需求的调研，在专业指导委员会专家指导下，与香港绿色建筑研究院等多家知名企业合作构建设计联合体，进行创新创业项目课程开发。对风景园林设计师职业岗位的工作流程进行总结，确认风景园林设计师的职业目标。依此职业目标对该课程的项目设计，明确工作任务，制订教学标准以及学习情境。该课程中，教师进行教学组织设计，在教学中根据项目任务、实行分阶段、分层次、逐步深入的实践教学模式，对学生进行工作坊（Workshop）合作小组模式教学，以学生为主体，让学生在课程教学中能够进行开放性和可持续性的独立学习。而且在设计项目进行过程中，学生完成大部分方案构思、方案确定、方案实施、方案分析以及方案评价，独立地设计各类项目，对学生进行了真实工作任务式的创新创业的教学，使学进行必需的项目调查分析，确定工作过程。通过课程建设，打造了一个开放和共享的精品课程教学平台以及立体、丰富、公共的景观设计NGO信息资源活动服务平台。

三、情境教学课程分析

课程专业教学团队以园林规划设计项目所需的职业能力培养为重点，依据顺德绿色产业背景，专业团队通过企业岗位需求调研，与香港绿色建筑研究院等多家企业合作进行项目课程开发和课程改革，在课程教学网络平台、教学模式，以及教学内容和方法等方面，凸显课程职业性和开放性的特色[2]。课程定位分析如图1。

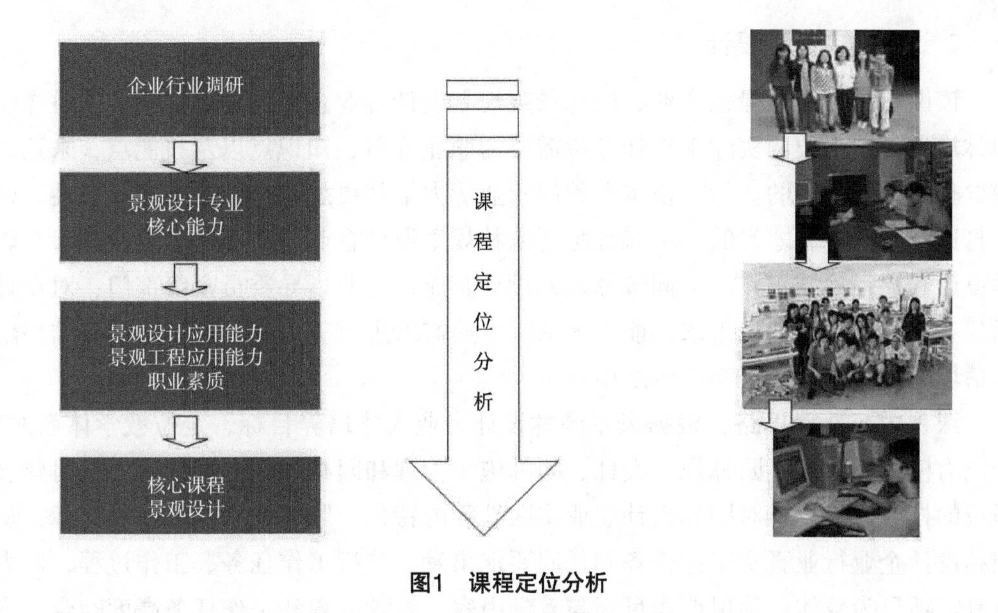

图1 课程定位分析

（一）以创新创业的工学结合设计教学内容，突出情境式学习模式

1. 课程目标设计分析

课程目标主要是突出学生的重要性、强调园林规划设计任务的核心性，突出项目教学的主要特征。把对专业的创新设计技术应用能力作为中心，使全面素质教育贯穿于整个课程教学，让学生不仅掌握各种类型的园林规划设计项目的设计过程、方法和工程应用能力，还培养学生的职业道德、创业能力、创新意识、团体意识、动手能力、独立思考能力，收集处理信息能力，获取新知识能力，培养发展型、创新型、复合型技术技能人才。

该课程的教学目标就是让风景园林专业的学生掌握园林规划设计的内容、要求、步骤和应用能力。通过课程学习，学生能够独立地利用手绘技法或者计算机软件等辅助设计工具，完成园林规划设计项目的设计，如居住小区景观设计等。在完成项目同时，熟悉城市建设、城市规划等相关各项行政法规、行业标准与规范等；在项目训练中解决绿地与城市规划中近期与远期的发展关系、绿地建设造价及投资的合理应用、服务经营等问题。在完成项目设计后，要求学生能够结合图纸与文案，以口头语言向客户表达设计项目的创意构思，与客户进行交流与沟通。该课程的知识目标包括：园林景观项目专题设计的组成，设计基本原理、基本原则、基本要素、步骤、内容、要求和应用、城市规划与景观，建筑设计中的各项行政政策、规范与行业标准等。该课程的职业素质目标是要求学生在设计中必须遵守行业法规，在工作坊培养团体的协作性和合作精神，在项目合作中培养自我管理能力以及管理他人的能力，培养尊重岗位、尊重他人的精神。

2. 课程内容选取设计

该课程针对地方绿色产业、园林景观规划设计行业企业的发展需要，通过操作园林规划设计岗位的实际工作任务所需要的职业素质、知识点以及技能点，来达到选取教学内容的目的。为了使本课程的职业能力培养更加具有针对性和适应性，达到打造“三型”人才目的，本课程聘请园林规划设计企业的专家、设计主管参与教学设计和课程规划工作，会同园林规划设计企业、专业指导委员会等部门，对设计岗位和设计任务的知识需求、能力需求、素质需求进行了分析，并根据调查结果融入情境式创新创业的教学内容之中。

课程内容选取思路：根据风景园林设计专业人才培养目标，定位教学体系的3个能力模块，分别是园林规划设计、园林施工管理和园林植物应用技术。针对建设岗位的核心能力，针对园林设计职业实践性强的特色，紧紧把握课程培养目标，从园林设计企业行业真实工作任务和任职要求出发，分析工作任务、工作过程，以大量真实项目为载体，确保课程目标与教学内容、教学内容和工作任务高度吻合，突出教学内容的应用性。

3. 课程内容选取八个学习情境

分别是园林景观设计工作任务分析、城市广场景观规划设计、城市商业步行街景观设计、居住区景观规划设计、城市公园景观规划设计、城市滨水区景观规划设计、城市道路绿化景观规划设计、旅游风景区景观规划设计。

4. 课程内容组织设计

该课程的教学项目和内容，以培养学生专业职业能力为依据，按照平行的项目课题设计分类学习情境，在每个学习情境中，教学内容按照企业项目设计的设计过程和设计步骤进行排序，将所需的知识、能力、素质融入每个工作顺序中，具体的教学内容设计也按企业实际项目设计的流程进行安排。

5. 共享教学资源

该课程的共享型电子资源库包括：风景园林设计专业目标与标准、专业教学条件、专业共享教学资源、行业资源系统、教学内容、专业成果、专业评价以及大量的拓展资源。每年专业教学团队都在持续建设课程网站，更新网站内容。

（二）该项目以园林规划设计绿色项目的工作过程为依据，突出职业活动导向

“工作过程是完成一件工作任务并获得工作成果而进行的一个完整的工作程序，是一个综合的、时刻处于运动状态但结构相对固定的系统”[3]。教学团队紧紧

把握人才培养目标，建立以创新创业能力培养为核心的模块化课程教学体系，以实际的园林设计项目实施全过程和真实情境为载体，采用工作坊模式进行项目合作，以“调查现状、前期资料收集—设计构思—设计方案分析—设计图纸表现—研讨汇报—企业与学校共同评价”这样的实际项目进程方式，避免空洞无效的教学内容，并达到课程的“有效”创新创业建设目的。

（三）以绿色项目任务为载体，以学生为主体，突出专业行动能力的培养

以绿色项目任务为载体，涵盖了传统学科体系的知识点，在课程中将具体的设计任务植入教学内容，直接将课程的教学成果转换为企业的生产力，以学习情境实践教学为课程主要内容，教学过程与教学活动紧紧围绕项目设计的任务进行，如顺德职院滨江公园规划设计项目中，师生一起分析公园规划任务的要求、背景、目的等前提条件。学生通过大量的现场资料收集、使用问卷调研、现状分析讨论，确定项目场地规划设计的主要思路，根据思路完成项目设计方案草图，专业教师对草图方案审批后，学生进行项目方案的深化、进一步实施，通过课内项目设计获取真实的项目设计创新创业应用技能[4]。

（四）对学生进行工作坊合作小组模式培养，突出以学生为主体的教学，让学生能够实行开放性和可持续性的自我负责的独立学习

图2为学生景观设计工作坊项目组在项目教学环节中的活动图。

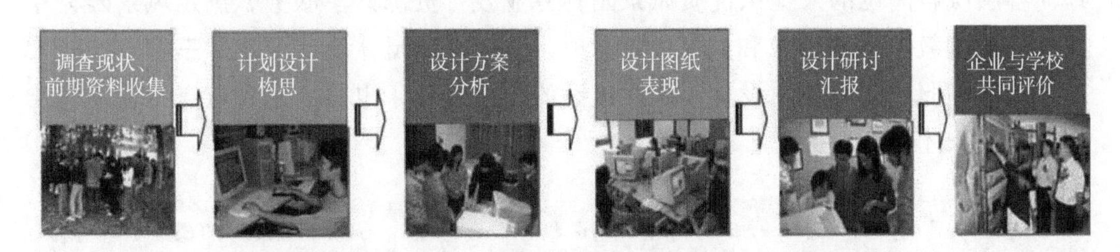

图2 学生景观设计工作坊项目组在项目教学环节中的活动

（五）该课程以真实设计环境来突出开放和共享的绿色生态环保教学平台

通过十五年的课程建设，打造了一个集辅助教学、作品交流、资源开放、辅助学习、设计服务、国际前沿、国内经典、理论研究、热点专题、低碳活动、商务招标、考证培训、教育关注、法律咨询、人才信息等的多方面、多角度、多层次的立体、丰富、公共的风景园林设计NGO信息资源活动服务平台。

四、课程创新构思分析

在顺德地区绿色产业创意设计的背景下，该课程与地方政府、企业构建绿色项目设计联合体，以工学结合的绿色项目为载体，重组课程教学内容模块，全力建设教学平台，用工作坊项目小组模式，系统深入地进行创新创业课程的“有效”建设，实行以学生为主体的关怀教学，打造了一个多方面、多角度、多层次的立体、丰富、公共的风景园林设计NGO信息资源活动服务平台。

五、课程成果展现

该课程能够与珠三角风景园林企业，特别是绿色生态企业紧密合作，深入、全面地进行“园林规划设计”核心课程的建设与教学改革，在课程中大胆使用各类有效的教学方法、探索高职教学的新模式。使该课程在教学设计、教学方法与手段、教学内容与体系、教学质量与水平、学生的质量评价标准等方面，都达到国内先进水平。获得广东省级精品共享课程、教指委精品课程立项，并获十五届全国多媒体教育软件大奖赛高等教育组网络课程二等奖。

六、结语

高职精品共享课程的高职“园林规划设计”课程建设，是为了满足信息爆炸背景下人们对完整课程资源系统的需求，是覆盖其他专业群的核心课程，通过系统地向各层次各岗位的人提供优质风景园林专业教育资源共享服务，满足风景园林专业优质课程教学资源开放和共享的需求[5]。培养风景园林设计专业“三型”技能人才，既是高职“园林规划设计”课程建设的探索目标，也是广东省重点专业园林技术项目的人才建设目标。

基金项目：广东省教育厅省级精品共享课程（项目编号：2014-SJKFKCPT05）；广东省精品课程（项目编号：SCK200802）；教育部高职高专艺术设计类专业教学指导委员会精品课程，广东省重点专业园林技术基金项目（项目编号：ZX032404030202Z）阶段性成果。

参考文献：

[1] 邓光，傅伟. 高职教育工作过程导向课程的基本内涵[J]. 中国高教研究，2010（9）：73-75.

[2] 俞明海，周波. 高校“环境艺术设计”专业课教学探索与实践[C]. 首届中国高校美术与设计论坛论文集（下）. 成都：中国美术出版社，2010，866-872.

[3] 姜大源. 论高职教育工作过程系统化课程开发[J]. 徐州建筑职业技术学院学报，2010，10（1）1-6.

[4] 陈燕舞，肖坤，陈粟宋. 高职《涂料分析与检测》项目课程建设实践探索[J]. 职教论坛，2007（12下）：15-17.

[5] 教育部. 教育部关于国家精品开放课程建设的实施意见（教高［2011］8号）[J]. 云南教育（视界时政版），2011（11）：26-27.

本文原载：装饰，2016（10）：128-129

●浅析高职艺术景观设计专业学生的创业教育

郑燕宁　江芳

摘　要：文章阐述了艺术设计专业创业教育的意义，以及转型期高职艺术景观设计专业创业现状分析，如高职艺术景观设计专业大学生对创业认识不够，高职艺术景观设计专业大学生的心理、能力、性格等主观因素不够等。从创业教育目标、开展内容、开展思路、实施方法4方面分析了高职艺术设计学生创业教育的开展，并指出了其特色之处，如从传统的高职艺术景观设计教学模式中突围，探索以就业与创业为导向的教学模式等。

关键词：高职艺术设计；景观专业；创业教育

一、艺术设计创业教育意义

党的十八大报告明确指出，要加强职业技能培训，提升劳动者就业创业能力，增强就业稳定性。美国创业教育先驱Jeffery A.Timmons也把社会面临着人类的创新和创业精神在全世界取得伟大胜利的一场深刻革命比作“一场无声的革命”。高职艺术景观设计专业教育必须转变观念，积极适应就业形势的变化和就业制度改革的深化，自觉改革课程体系，探索高职艺术景观设计专业创业教育新模式，推动高职艺术景观设计专业创业教育的科学发展，逐步实现高职艺术景观设计专业就业型教育向创业型教育的转变。

随着经济的发展，我国的高职艺术景观设计专业教育也得到大步发展，但同时多元素的影响造成毕业生的就业质量较低，因此在激烈的竞争压力下，高职院校艺术景观设计专业必须要调整办学思路，全面开展创业教育，才能解决自身生存与发展的问题。所以，在高职院校中开展艺术景观设计专业创业教育，用创业带动就业，促进高职艺术景观设计专业毕业生就业，提高高职艺术景观设计专业就业质量，达到培养既有创新精神又有创业能力的高职艺术景观设计专业人才的目标，对推动高职艺术景观设计专业教育深入发展，具有前瞻性的意义。

二、转型期高职艺术景观设计专业创业现状分析

高职艺术设计教育发展速度惊人，到目前为止在校学生达80万人，导致每年有大量的毕业生需要就业，但是由于中国高校持续扩招、经济体制的转轨、产业结构的调整及社会劳动人事制度的改革引发的高职艺术院校的就业压力十分严峻，就业形势很不乐观。根据广州媒体报道，近年来广州美术学院高校就业率连续两年排名倒数第三。而通过分析这两年艺术类毕业生就业现状发现，部分景观设计类毕业生主动创业，让自主创业成为解决就业燃眉之急的有效途径。

据统计，美国20%～30%的大学生毕业后自主创业。但是国内高职艺术景观设计专业学生的创业状况仍处于整体比例较低、急需突破发展的阶段。

1. 高职艺术景观设计专业大学生对创业认识不够

Schumpeter认为创业指对企业组织实行新组合、新产品、新服务、新原材料来源、新生产方法、新市场和新的组织形式的措施。而高职艺术景观设计专业毕业生通常的短暂性的接单、培训、家庭作坊式等不能算真正的创业。大学生创业是一项系统工程，因为在解决自身就业的同时，又能帮助其他人就业。并且创业要基于创新的基础上才能释放出潜力。

2. 高职艺术景观设计专业大学生的心理、能力、性格等主观因素不够

主要体现在：缺乏创业心理准备，对创业的艰难性和风险性认识不足，心理承受能力较差；欠缺创业知识和创业能力，与创业相关的注册、管理、营销、融资等各方面知识不足；艺术类学生的性格比如与团队协调合作能力，以及缺乏资金、缺乏市场经验等因素也制约着创业的成功。

3. 政府和高校的支持工作没有做到位

创业方面，政府的政策还不到位，没有特别完善的政策系统做支撑，比如提供相应的资金或者免税政策等措施；同时市场环境也不是很充分。而且高校的引导教育不足，创业教育的实施目前还停留在文件层面，很少有学校鼓励且帮助毕业生进行创业。学校的创业也只是停留在口号方面。尽管高职艺术景观设计专业大学生创业已有一段时间，但发展速度之慢，对经济的提高没有什么作用。

三、开展高职艺术设计学生创业教育

在越来越多的高职艺术景观设计专业大学生面临着就业压力问题的时候，必须

改变高职艺术景观设计专业传统的就业理念，从加强创业教育开始，引导和扶持高职景观设计专业大学生的自主创业行为。在教育中转变就业与创业相结合的方式，通过实践探索构建高职艺术景观设计专业大学生创业教育体系，提高高职艺术景观设计专业学生就业与创业能力，通过创业教育提高大学生的创业率，通过培养就业能力提高就业质量。

1. 创业教育目标

在越来越严峻的就业形势下，以如何提高高职艺术景观设计专业学生就业质量与创业能力为目的，将当今社会需求和未来社会发展对高职艺术景观设计专业人才应具备的知识、能力和职业基本素养进行分析，对毕业生就业指导进行创新。改变传统的就业观念，以加强创新创业教育为核心，构建创新创业型人才培养教育体系，采取就业与创业相结合的方式，对高职艺术景观设计专业学生的自主创业进行引导和扶持。通过校企合作、项目式教学、教师工作室、学生工作坊等教学模式的创新改革，最终达到既有创新精神又有创业能力的高素质的高职艺术景观设计专业人才目标。

2. 创业教育开展的内容

首先，分析我国经济社会发展的特点和高职艺术设计教育的本质规律，发现高职艺术景观设计专业创业教育课程建设中存在的问题。以专业的创业课程改革的实践活动为线索，在分析、比较、总结国内外职业艺术景观设计创业教育课程模式改革的经验后，获得具有中国特色、本土化的就业与创业教育教改成果。其次，在教学中重点对学生的专业能力、学习能力、组织协调能力、沟通能力、意志品质、进取心和求知欲、敬业精神、责任意识、团队意识进行培养，建立具有促进高职艺术景观设计专业学生就业，以及提升创业能力的教育课程体系，充分调动学生的积极性与主动性，引导学生在掌握基本理论、知识和技能的基础上，培养与提高学生的就业与创业能力，努力使学生具有适应不同工作环境与岗位要求的、稳定的、可持续发展的就业与创业能力。

3. 创业教育开展的思路

开展创业教育的途径有很多，如培养高职艺术景观设计专业学生创新意识和创业精神，增强学生的创业意识；加强高职艺术景观设计专业学生职业素质和能力训练，提升学生的职业素能；营建高职艺术景观设计专业真实职业的环境与平台，掌握学生的职业能力；指导高职艺术景观设计专业学生创业的计划与行为，学生以创业带动就业等。要不断开拓与优化创业教育的开展思路，全方位地促进创业教育的开展，使学生具备多项创业素质，提高创业成功的几率。

4. 创业教育实施方法

在教学中开展理论教育与实践教育相结合的提升就业质量与创业能力教育的实践模式。以全面提升学生就业质量与创业能力为导向，对专业教学环节进行整合创新。加强高职院校艺术景观设计专业学生职业素养教育建设策略的研究，包括校园精神、物质层面的职业素养教育资源的开发与利用；实践教学、大学生社会实践中的职业素养教育的研究与实践；工学结合，校企合作育人条件下高职院校艺术景观设计类学生职业素养教育建设的探讨。如在教学中可开设系列类似创业心理学、企业管理、公司运作等方面的选修课程，满足学生提升创业素质与能力的需要。以企业真实设计项目作为主要教学内容，通过“市场、企业、课堂”三位一体的教学场，“教师工作室、学生工作坊、实训室”三位一体的教学链的有效途径，培养适应行业发展需要的“发展型、复合型、创新型”技术人才，全面提升学生综合设计能力。同时在教学中利用课赛结合、以赛促教、课程对接的方式，提升学生的创新水平。以全面提升就业质量与创业能力为导向，创新毕业设计教学模式。

四、特色与创新

1. 从传统的高职艺术景观设计教学模式中突围，探索以就业与创业为导向的教学模式

变“传统模拟设计课题”为“真实的企业设计项目”，提高学生高职艺术景观设计创新技能；变“传统毕业设计实习”为“毕业设计顶岗实习”，提高高职景观设计学生的职业技能；变“传统学校教学场所”为“行业、企业、课堂”三位一体的教学场，引导学生进入未来的职业场；变“传统教学环节”为“教师工作室、学生工作坊、实训室”三位一体的教学链，通过教、学、做形成职业能力，以创业带动就业。

2. 校企双师指导，以企业项目设计为载体的“项目参与式”创业教学方法的探索

目前，高职院校的毕业生几乎都存在工作过程中技能不过关、不能适应工作环境的情况。为了毕业生能够很快适应工作环境，具备一定的实际操作能力，学校与企业应进行实际项目及工学结合市场化方式改革教学方法，学校教师与企业能工巧匠共同培养学生创新思维能力，突出教学成果，提升学生就业与创业能力。这样，学生既具备一定的理论素养，同时具备实际操作能力，在工作过程中一定可以得到用人单位的认可。

3. 确立以就业与创业为导向和核心的设计师职业素能，提升课程内容

课程内容应以就业和创业为导向，以提高设计师职业素能为目标，将其内化在校企合作模式下高职院校艺术景观设计类学生职业素能教育过程中，找到职业素能教育教学和社会相结合的切入点，为创业带动就业的人才培养提供理论依据和实践范本。

4. 形成一个全面强化提高学生综合设计能力的毕业设计，整合教学环节

在教学过程中，不断提高学生的创业意识，加强学生创业能力的培养，将创业融入学生的毕业设计之中，实现两者的结合，从而创新基于就业与创业导向的毕业设计教学模式，以期全面提高学生就业质量。

五、结语

联合国教科文组织明确提出："培养学生的创业技能，应成为高等教育主要关心的问题。"职业教育不仅要培养学生具有适应工作世界的能力，而且还要培养学生具有面向未来的创业能力。在社会转型期，高职艺术景观设计专业教育的人才培养应该把提高就业质量和促进创业教育当作重要的价值取向，在专业教育过程中将渗透、融合创业教育理念，帮助当代高职艺术景观设计专业学生树立创业意识，培养高职艺术景观设计专业学生创业精神，提高高职艺术景观设计学生的就业能力，完善高职艺术景观设计学生的知识结构，更进一步地深化创业教育内涵和加强培养学生就业创业能力。

参考文献

杜海东. 2010.创业教育模式构建的理论框架与实证研究——来自广东高职院校的分析［J］.辽宁高职学报，12（1）：4-6.

石加友. 2010. "六位一体"大学生创业教育新模式的构建［J］.中国成人教育（4）：54-55.

王锦花. 2008.艺术类大学生创业现状探析［J］. 湘潮：理论版（5）：27-28.

吴尚君. 2007.高等美术院校毕业生就业问题的几点思考［J］.湖南社会科学（4）：147-149.

应金萍. 2009.宁波大学生创业政策的研究［J］.职业教育研究（6）：67-69.

张承凤.2008.高职教育高素质技能型人才培养模式研究与实践［J］.长江师范学院学报（4）：155-159.

本文原载：教育与职业，2014（26）：103-104

●产业转型期风景园林设计创新·服务型人才培养模式的探索与实践

江芳　郑燕宁

Exploration And Practice of the Innovation of Landscape Architecture Design in the Period of Industrial Transformation

Jiang Fang　Zheng Yanning

摘　要：在社会转型期，学校风景园林设计专业将城市产业转型升级要求与人才质量标准耦合互动，针对产业背景准确定位人才培养目标，以地方创意设计产业为平台构建专业教学体系，建设创业教育课程标准；以高校与行业企业联合共同打造平台，对实践教学基地建设进行加大分量，由行业、企业、学校等多方一起加入的协同育人创新联盟共同打造创新创业实践教学体系。培养创新型服务型技术技能人才，建立职业性、实践性和创新型的专业人才培养模式。

关键词：社会转型期；风景园林设计专业；人才培养模式；创新·服务

Abstract: In the period of social transformation，the landscape design will upgrade the professional requirements and quality standard of talent transformation coupling interaction of city industry，according to industry background of accurate positioning of personnel training objectives，to the local creative design industry as a platform to build a professional teaching system. The construction of entrepreneurship education curriculum standards; to universities and enterprises jointly build a platform for the construction. Practice teaching base for increased weight，by industry，enterprise，cooperative education innovation alliance school multi join together to create innovative practical teaching system to cultivate innovative[1]. service technical ability，establish occupation，professional training and innovative practice Maintenance mode.

Key words: Social transformation period; Landscape architecture design; Personnel training mode; Innovation and service

一、引言

在社会转型期，本校风景园林设计专业将城市产业转型升级要求与人才质量标准耦合互动，针对产业背景准确定位人才培养目标，培养创新型服务型技术技能人才，建立职业型、实践型和创新型的专业人才培养模式。构建创新和服务机制；建立由学校、企业的专家教授、“双师型素质”老师和一线设计师组成的教学团队资源，完善协同育人创新、服务课程体系，以地方创意设计产业为平台构建专业教学体系，建设创业教育课程标准；以高校与行业企业联合共同打造平台，对实践教学基地建设进行加重分量，由行业、企业、学校等多方一起加入的协同育人创新联盟共同打造创新创业实践教学体系。协同创新，以项目为载体推行创业创新型Workshop工作坊的教学模式，形成企业、学校、学生三方共同组成的以多元化原则质量评价体系。实现教育的教育自觉，为风景园林行业提供创新型、服务型、可持续性的创新储备人才，同时打造教学中心、研发中心和技术服务中心。总之，就是产业转型背景下，以创新和服务为导向，对风景园林设计以及创新型、服务型、可持续性的创新储备力量培养的研究与实践。

二、风景园林设计专业创新型、服务型人才培养模式

（一）创新型、服务型人才培养模式内容分析

专业主要依托2014年校级成果培育奖基础、2014年广东省重点专业园林技术建设目标，广东省教育厅教改项目、2013年广东省教育厅《园林规划设计》省精品课程及精品共享课程、广东省重点培育专业，2015年广东省教育厅《园林工程施工管理》精品共享课程、教育部艺术设计类专业教学指导委员、教育部艺术教指委精品课程《园林规划设计》等项目进行研究和实践，有以下主要内容：

1. 将城市产业转型升级要求与人才质量标准耦合互动，准确定位人才培养目标，培养创新型服务型技术技能人才（图1）

为贯彻执行中共中央和国务院联合发布的《关于实施科技规划纲要、增强自主创新能力的决定》，广东省在实施创新驱动发展战略、工业转型升级攻坚战行动计划中，指出大力发展广东省经济社会发展的重点领域如文化产业等，在产业结构调整的背景下以绿色创意设计产业和园林花卉服务业为平台，将城市产业转型升级要求与人才质量标准耦合互动，参照顺德地区产业结构调整和职业岗位任职要求调整专业结构，确定人才培养规格、知识、能力与素质目标，将区域产业转型升级要求融入人才质量标准中。培养创新型、服务型技术技能人才，战略性地提出了推进产业结构升级和经济发展方式转变的策略，达到提升我国自主发展能力和国际竞争力的科学规划的要求的目的。

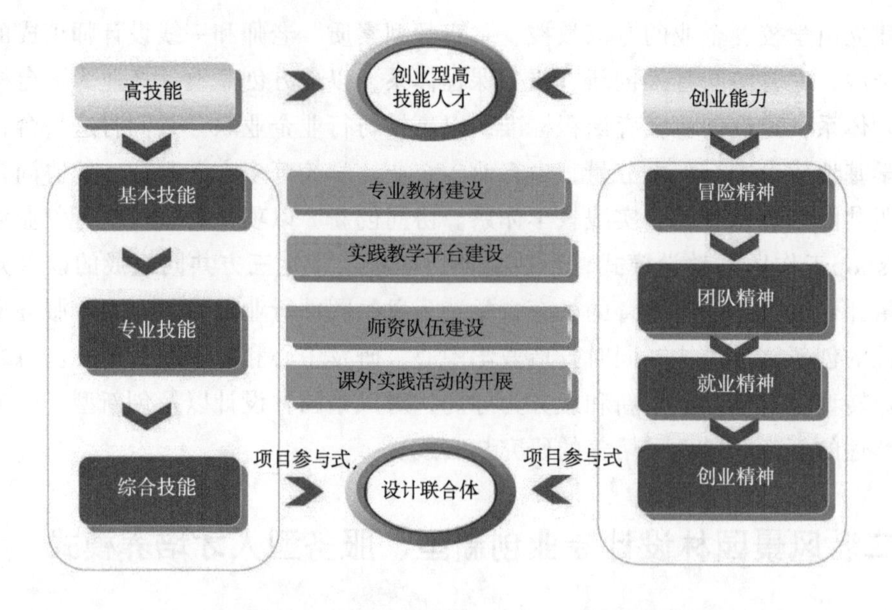

图1　风景园林设计专业创新型服务型人才培养模式分析

2. 建立职业性、实践性和创新型的专业人才培养模式

结合风景园林设计专业的教学和科研，突出6个创新和7个服务，构建以风景园林设计专业在以创新和服务为指导原则，项目设计为培养人才载体，用产业推动教育，素质与技能并重为导向的职业型、实践型和创新型的专业人才培养模式（图2）。

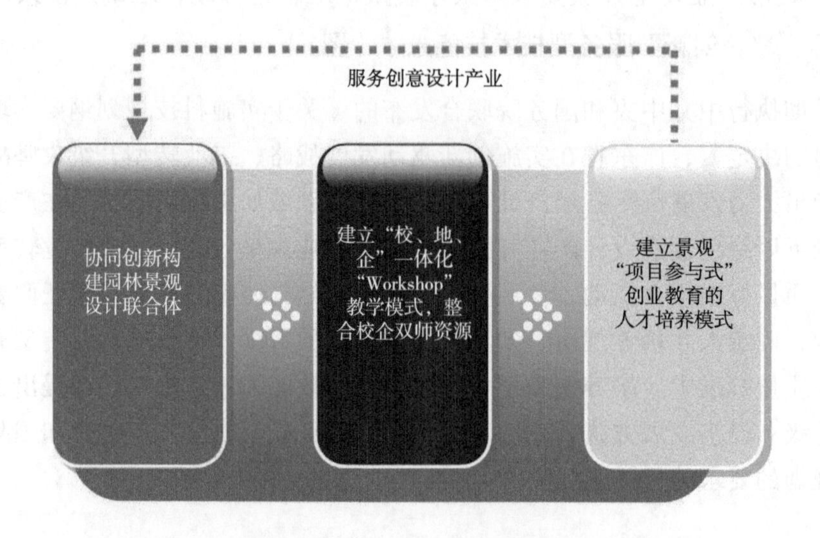

图2　风景园林设计专业人才培养模式改革思路

3. 协同创新，推行创业创新型Workshop工作坊的教学模式

加强特色专业，政校企内外结合，协同创新，与企业构建景观设计联合体，准确定位知识、能力、素质结构，在课程中积极推行“Workshop”学生工作坊模式，以包括工学交替、任务驱动、项目导向、顶岗实习等多层次多角度的思路策略，达到有利于增强学生创业能力、提高创新能力、学做一体目的的教学模式，大三学生100%实现下学期7个月的顶岗实习与工作过程相结合的学习模式（图3）。

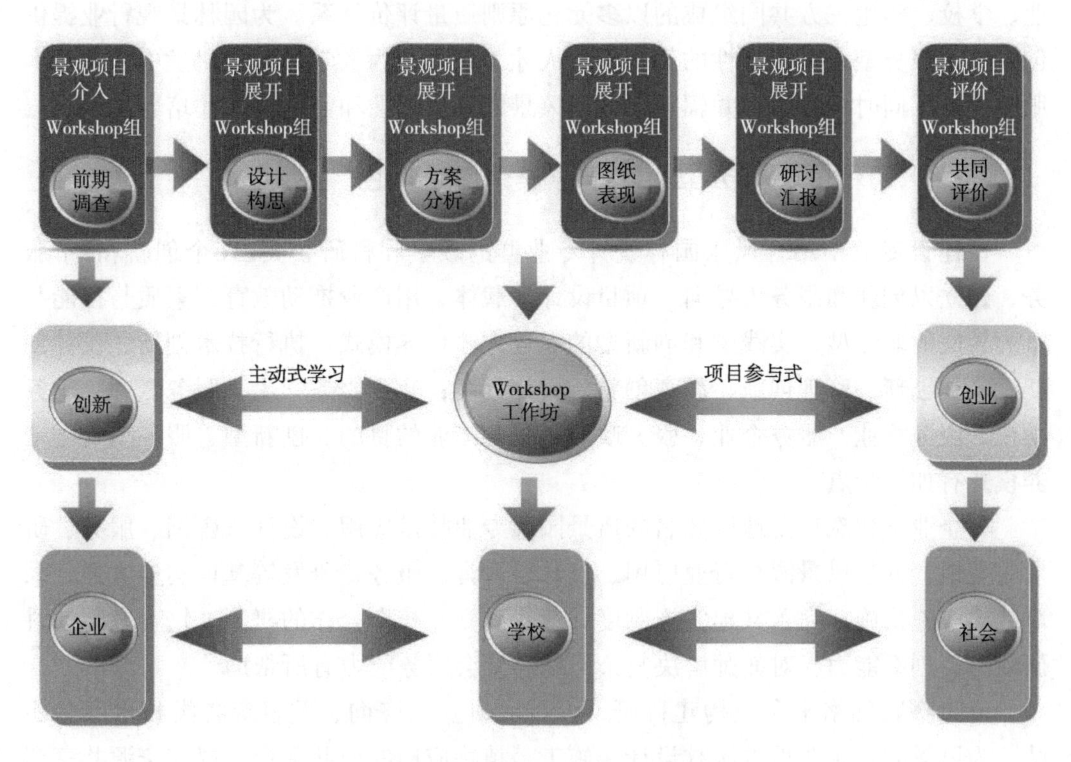

图3 景观“Workshop”项目教学模式

4. 以地方创意设计产业为平台构建专业教学体系

在全球经济和地方产业结构从工业型转型时，落实技术创新，通过以地方创意设计产业为平台，以工学结合和创业教育作为切入点建设教学体系，以项目为载体重组课程内容模块，从教学体系和目标及模式方面培养设计核心竞争力，并且组成一个完善的服务体系，为地区产业和创意设计服务。

5. 建立由学校、企业的专家教授、“双师型素质”老师和一线设计师组成的创新和服务型教学团队资源

协同团队服务进行管理创新，打造创新和服务型立体师资团队，加深教师的归属感，加大凝聚力，吸引海内外高素质、高层次人才加入设计学院。

6. 建设协同育人实践教学基地培养创新型、服务型、可持续性的创新储备力量

以高校与行业企业联合共同打造平台，对实践教学基地建设进行重视，由行业、企业、学校等多方一起加入的协同育人创新联盟共同打造创新创业实践教学体系。以项目为载体建立景观“Workshop”创业创新教育的人才培养模式，把人才培养置于协同育人创新联盟的各个环节。实施课题驱动、项目任务驱动、创新计划驱动、创业工程驱动、复合专业学习、技能大赛等多样化的协同育人途径，形成企业、学校、学生三方共同组成的以多元化原则质量评价体系。为园林景观行业提供创新型、服务型、可持续性的创新储备人才，使之成为教学中心、研发中心和技术服务中心，同时成为广东并辐射全国的风景园林实践性和创业型人才培养基地。

（二）创新型、服务型人才培养模式创新特色

在建设专业中结合风景园林设计专业群的教学和科研，突出6个创新和7个服务，建立以创新和服务为导向，项目设计为载体，用产业推动教育，素质与技能并重为导向的职业型、实践型和创新型的专业人才培养模式。执行技术创新、设计创新、科技创新、管理创新、教育创新、政策创新；达到服务学生、服务老师、服务学校、服务行业、服务企业、服务政府、服务产业的目的。创新型、服务型人才培养模式有如下特点。

与企业共建珠三角地区知名的风景园林专业技术应用、设计、咨询、服务、研发等基地。共建风景园林行业应用、设计、咨询、服务、研发等基地实施方案，采取共建实施措施，完善共建实施制度；逐步建立政校企合作的机制，培育教师的科研能力、创新能力，对教师解决复杂问题和社会服务能力有所帮助。

通过搭建网络平台，构建科研、设计、研发、咨询、监督等各类技术服务团队，为风景园林企业提供园林设计、施工、植物应用的公共平台，提高资源共享利用平台各类共享资源信息。同时也通过专业老师的共同参与，进一步促进专业老师的科研能力。

与企业共同建成国内风景园林行业教育培训和职业技能鉴定的示范中心，同时成为珠三角地区一流的职工岗位培训及再就业的培训基地。

打造成多角度、多层次的立体化协同育人平台，逐步建设协同育人创新联盟，为行业、企业、政府提供设计、招标、信息、培训、共享设备、资源、师资、技术等服务，达到协同育人创新联盟的多赢，收集立体化协同育人载体实施的相关材料。

（三）创新型、服务型人才培养模式应用成果

本专业通过多年建设实践已经具有一支专兼职合理、结构合理、校企互通，业务能力优秀、在行业内有一定影响力的创新团队及双师型教师队伍，校内外实训基

地建设项目完备并已具规模。在专业教学建设中长期贯穿横向科研、企业技术服务及“Workshop”项目教学，教学改革成效明显；教学质量在珠三角及全国的专业中受到肯定及好评。2014年为广东省重点专业建设项目。专业建设了2015年广东省领军人物培养对象，3门广东省精品课及精品共享课程，承担3个广东省教改项目，4个教职委教改项目，3门教职委精品课程，5门院级精品或精品共享课程。教学团队发表论文50多篇，教材4篇，校级实训基地立项建设项目1个，校级大学生校外实践教学基地立项建设项目1个，校级及广东省教学团队建设项目1个，广东省青年教师访问学者1个，专业带头人1名，精英班建设项目1个，校级一、二、三等奖的教学成果奖3个，广东省高层次技能型兼职教师1个，教师与学生获奖在全国范围内达60多个。教学团队完成横纵向项目50多万元。全方面为珠三角及全国企业行业进行技术服务。

在持续一段时间的实践后，风景园林设计专业模式创新和专业教学改革初见成效：学生素质能力提升略有效果；双师型教师培养和实践教学体系建设等计划有序实施；为制订提升行业发展的景观设计师人才质量标准奠定基础；以Workshop项目驱动的师生工作室投入运行，学生主动性大幅提升；为企业和农民提供风景园林设计服务，教师实践能力得到较大提高。

三、结语

在顺德地方产业由“园林生产型”向“创意设计型”转变后，为本校风景园林设计专业提供了产业背景，并成为与广东省现代服务业、文化业相对接的特色专业和现代风景园林创意设计人才培养基地，建成为在行业优势、区域优势和特色优势的基础上实现创新型、服务型可持续发展的专业，在风景园林设计专业建设与课程改革、提高学生就业质量、实践教学、政校企长效合作机制、教学资源建设和加强社会服务能力等领域发挥示范性引领作用。

基金项目：本论文为广东省重点专业园林技术基金项目的成果，编号：ZX032404030202Z。广东省领军人才项目成果。艺术类教指委教研教改项目《艺术设计珠三角园林景观“Workshop”协同育人创新联盟平台建设的实践》成果。2016年校级成果培育项目，编号：2015CQCGPY07X。

参考文献：

陈顺和，周维祟，傅宝姬. 2015.活化景观设计实践教学的新路径——台湾辅仁大学与闽高校景观专业参与式设计的启示[J].装饰（11）：119-121.

范柏乃，郑启军，段忠贤. 2013.自主创新政策的演进:理论分析与浙江经验[J].中共浙江省委党校学报（4）：14-18.

高晚欣. 2014.加强高校基层服务型党组织建设的思考与实践[J].奋斗（5）：46-47.
江芳. 2016.探索发展型、创新型、复合型的高职精品共享课程——以“园林规划设计”课程为例[J].装饰（10）：128-129.
雷忠良，胡英芹. 2015.对广州市职业教育集约式发展的思考——以广州教育城为例[J].职教论坛（5）：82-84.
李君宏，张晓敏，何丽琴. 2015.高职院校施工项目成本管理实训基地建设改革研究[J].兰州教育学院学报（4）：102-103.
李晓钟，俞晓诺，唐建荣. 2013.经管类创新创业人才协同培养模式探索[J].中国校外教育（21）：46-47.
路平. 2015-9-11.提高人才培养质量 助力产业转型升级[N].广东科技报，（06）.
彭耀，王栋. 2016.基于建筑空间环境研究的建筑模型课程教学实践[J].装饰（2）：92-93.
王光英. 2012.产业转型升级背景下高职院校学生职业素质的培育与创新[J].济南职业学院学报（2）：43-45.
杨月华，李莉莉. 2011.深化校企合作，完善“订单式”人才培养模式[J].中国校外教育（5）：128-133.

本文原载：艺术与设计（理论），2017（6）：138-140

●基于新型城镇化建设的广东古村镇传统文化的传承性设计研究

江芳　郑燕宁

摘　要：目前中国进入新型城镇化建设的转型期，商业过度开发使岭南古村镇传统文化的传承与保护工作受到了一定阻碍。文章通过发掘岭南古村镇遗存的历史信息和个性特征，对古建筑在现代社会中保护和利用的方式进行探讨，提出对岭南古村镇的建设应以保护与传承优秀传统文化为重点，以期实现古村镇的可持续性发展。
关键词：新型城镇化建设；碧江古村镇；传承性设计

目前广东的经济快速发展，文化产业迅速壮大，处于新型城镇化建设的关键时期，深入挖掘岭南文化成为“加快转型升级、建设幸福广东”的重要内容。但是在城镇化的进程中，对于传统文化的传承工作出现了一些问题，主要表现在：物质文化遗产破坏严重、情况恶化；非物质文化遗产传承断裂，缺少传承人；商业过度开发，重视物质层面的保护，而忽视文化精神和内涵的传承等。

一、碧江古村镇概况

碧江古村镇距离现在已有上千年的时间，位于广东省东佛山市顺德区北滘镇。其大规模建村始于南宋初年，古称“迫岗”，明清时期属顺德四大圩镇之一。据《顺德县志》载，自明景泰三年建县至清代中叶，碧江村出了17名进士，中举仕子更达百名。从明代一直到现在，碧江村人才济济、代代相传。这些人从全国各地衣锦还乡后，在家乡努力打造并建设宅第园林、宗族祠堂，极大繁荣了民居、宗族祠堂文化。因此，在古老的碧江村遗留了一定规模且特色十足的宅院民居、宗族祠堂等古建筑。碧江保留了金楼（图1）、泥楼、职方第（图2）等具有典型岭南风格的民居，以及慕堂苏公祠（图3）、肖岩苏公祠、五间祠等岭南祠堂建筑。村心街、泰兴大街更是集中了广东省文物保护单位金楼等16处明清历史建筑，且保存较为完整。碧江村为岭南佛山地区的民居建筑、近代工商文化、传统宗族文化、传统祠堂标本部落等研究，提供了重要物证。

图1　金楼的亭园

图2　职方第侧面全景

图3　慕堂苏公祠

二、碧江古村镇建设现状

（一）街巷保护现状

碧江的街巷格局整体保存较为完整，但由于新建建筑数量较多，使部分街巷的完整性和空间尺度遭到一定程度的损毁。主要表现在建筑层数过高，破坏了街区尺度；建筑材质的现代化与传统街区氛围不协调；建筑外挑占用街巷空间，封堵街巷，石板路面损毁等。这些都对街巷的传统尺度、色彩等造成了较大破坏。

（二）建筑保护现状

碧江村心街和泰兴街现存留古建筑108栋，占总建筑数量的16%。其中包括金楼、泥楼、职方第（含见龙门）、慕堂苏公祠、砖雕照壁、亦渔遗塾、三兴大宅（怡堂）7处省级文物保护单位。碧江在古建筑保护方面投入了大量人力、物力和财力，7栋文物保护单位得到了较好的修缮。但是对于非文物建筑的保护稍显不足。调查显示，许多重要的古建筑都存在一定的问题，需要及时进行修缮，损坏较为严重的建筑有五间祠、何球祠、黄家祠。

三、广东古村镇传统文化的传承性设计应用

在新型城镇化建设的前提下，可以通过发掘岭南古村镇遗存的历史信息和个性特征，对古建筑在现代社会中保护和利用的方式加以重视，以此实现古村镇的可持续性发展，同时有助于为人们提供更加便捷、现代化的居住环境。

（一）实现古村落的可持续性发展策略

应通过对村落元素的全面保护，发掘遗存的历史信息和个性特征，研究古村落的建筑特点和文化内涵；通过对广东佛山顺德碧江古村镇的传统地域文化特征的分析和研究，达到保护历史遗产的目的。

第一，正确划分保护层次，保护整体风貌。在对广东佛山顺德碧江古村镇整体风貌的保护方面，应该结合古村落的现状特点、属性规律和保护要求以及法律规章制度，确定碧江古村镇的环境协调区、历史街区、建设控制地带和文物保护的范围等具体内容，对各个保护层次内的保护内容和保护要素进行规定，以实现对顺德碧江古村镇整体风貌保护的目的。

第二，延续村落空间机理和尺度。在古村落的更新与保护中，应该通过对顺德碧江古村镇村居建筑的退线控制、高度控制、环境要素保护等方式，实现对其街巷肌理和空间尺度的保护。

第三，重点保护与一般保护相结合。与城市中的历史地段相比，人力、物力、财力的有限投入往往是古村落保护的难点和弱点。因此，重点保护与一般保护相结合是村落保护的有效措施。一般而言，历史走廊、文物保护单位和重点保护建筑周围应成为重点保护的范围，它往往集中体现着村落的精华和价值所在，对重点地段的严格保护是必要的。在碧江古村落的保护中，应在划定重点地区后进行严格的环境控制措施，以达到完整、严格、深入保护的目的。

（二）村落文化的保护内容

在碧江古村落的保护中，人们不断深化了对物质文化遗产保护的认识，同时对非物质文化遗产的保护也在逐步加强。在此基础上，对于顺德碧江古村镇保护的策略应集中在对村落文化的保护上，包括3个方面。

第一，传承场所精神。特定的场所是古村落历史文化的空间载体，也是古村落的魅力所在。顺德碧江古村镇的保护应保留现有的生活场所，并注重更新及恢复消失的人文场所。在完善基础设施的基础上，应恢复被覆盖的历史河涌，还原小桥流

水的传统风貌；在规划中计划留出历史建筑群的保护与发展用地，并设计打造多个具有文化、生活性质的开放空间场所，包括金楼前广场、五间祠广场、碉楼广场、照壁广场；沿着河涌沿线的空地块、民居群中的空旷场地、荒废的工业厂房用地等，设置种植多处绿地，达到提高在城市建筑民居群中绿地率的目的。

第二，延续顺德碧江古村镇地方文化价值。应不断深入挖掘顺德碧江古村镇的文化内涵和历史意义，延续其地方文化价值。首先，保护顺德碧江古村镇当地民风民俗，建立碧江历史博物馆和展示馆，并积极宣传延续顺德碧江古村镇村落的历史文化内涵。其次，在碧江古村的开发建设方面，可通过打造佛山顺德民间建筑博物馆等，积极保护优秀的建筑文化艺术，延续岭南建筑特色，并延续佛山顺德民间地域的建筑特色和布局风格。最后，通过本地旅游的发展，传承和延续顺德饮食文化，与此同时，应提高当地旅游的服务质量。

第三，保留环境意向。主要体现在保护环境要素，如大榕树、石板路、小桥、河涌、亲水台阶等，这些要素构成了特定的历史文化场所，也为人们留下很多珍贵的记忆。在新型城镇化建设的背景下，顺德碧江古村镇的社会、经济、文化等方面均发生着重大变化：用地性质及用地权属正发生改变；无序的工业化使得村庄产业结构失衡；在城市生活模式的催化下，“村庄社区”的观念正逐渐建立。同时，随着顺德碧江古村镇“三旧”改造工作的全面展开，镇内大面积的旧厂房、旧村居将进行全面的升级和改造。

（三）古村落空间设计

在碧江村的村落空间设计中，首先，应在节点、轴线、区域3个部分利用自然、人工、人文环境要素来打造景观。其次，应加强节点、轴线、区域相互之间的有机联系，使其共同构成古村镇的景观特色，并通过结构组织打造完整的保护框架。点（村居建筑）是指文物保护单位、保护建筑及其周边环境的单体建筑，它是构成村落的最小单元，人们依据点来感知和识别古村空间；线（轴线）是人们体验古村的主要通道及主要观赏轴线，碧江村的两条轴线一是村心街，二是泰兴街。在这个轴线上也要加强文化的传承；面（区域）是指由村心街、泰兴街两个相对独立的街区以及由传统民居将两个街区串联起来形成的区域，具有某种共同特征的地段或街区。在这个区域中，各种景观元素的打造有助于深化古村镇的原真性。

四、结语

在新型城镇化进程加快的同时，很多具有深厚历史文化价值的古村落、古镇正面临着被破坏的危险，古镇传统文化保护问题严峻，因此提出有效的保护对策迫在眉睫。村落保护与村民的生活息息相关，需要保护的主要是其历史空间格局和景观风貌，需要改善的包括基础设施、公共服务设施、环境景观及建筑单体内部的空间组织、设施条件等。在对岭南古村镇的设计中，应以保护与传承优秀传统文化为重点，并将其应用到新型城镇化建设中。

基金项目：本文为佛山市顺德区哲学社会科学研究项目成果，项目名称“基于新型城镇化建设下的顺德区古镇传统文化的传承性研究”，项目编号：2016-KJZX059。

参考文献

罗瑜斌.2010.珠三角历史文化村镇保护的现实困境与对策[D].广州：华南理工大学.

马翀炜，覃丽赢.2017.回归村落：保护与利用传统村落的出路[J].旅游学刊（2）：9-11.

孙九霞.2017.中国旅游发展笔谈——传统村落的保护与利用（二）[J].旅游学刊（2）：4.

王本祥.2011.从地域文化视角看岭南文化的传承与创新[J].岭南文史（4）：00I.

王琴梅，方妮. 2017.乡村生态旅游促进新型城镇化的实证分析——以西安市长安区为例[J].旅游学刊（1）：77-78.

杨国胜，龙彬，余沁锶. 2012.古镇保护、旅游利用和文化传承研究——以重庆洪安古镇为例[J].山东建筑大学学报（6）：560-565.

杨黎黎.2009.探索古镇保护与更新的方法——以罗田古镇的保护与旅游开发为例[J].小城镇建设（3）：65-70.

本文原载：艺术教育，2017（6）：251-252

●顺德绿道生态绿廊构造

江芳　郑燕宁

摘　要：在绿道建设日益推广的大背景下，阐释了绿道的概念和类型，概括了绿道规划研究的进展与展望，在此基础上以顺德区绿道规划设计为例，对绿道的性质、种类、来源及任务进行概述，阐述了顺德区绿道的项目背景，分析了其生态化、人性化、特色化的设计原则，并重点解析了缓冲区、廊道系统、慢行道宽度、节点系统、标识系统以及服务区的设计。强调顺德区绿道建设的目标是构筑区域、城市、社区3个层面多类型、多功能的绿道网络系统;建设以区域绿地为背景、绿网及绿道网为骨架的佛山市“3G”绿化休闲体系，倡导“生态、绿色、低碳”的新生活方式，打造“阳光、水乡、宜居”的顺德新形象。

关键词：风景园林；绿道网络建设；顺德绿道规划；生态设计

Ecological Greenway Construction in Shunde District, Foshan City

Jiang Fang Zheng Yanning

Abstract: As the greenway construction grows popular, the concept and type of greenway is clarified in this study, research progresses and prospects of greenway planning are summarized. Greenway planning of Shunde District is taken for an example to elaborate properties, types, origination and tasks of greenway, moreover, construction background, ecological, human-centered and characteristic design principles are analyzed, especially the design of its buffer zone, corridor system, width of crawl lane, node system, identification system and service area. Greenway construction of Shunde District is to build a greenway network of multiple types and functions in 3 levels: region, city and community; a recreational landscaping system with regional green space as the background, greennet and greenway as the framework, to promote a new "ecological, green and low-carbon" lifestyle, and create the new image of Shunde as "a livable riverfront region full of sunshine" .

Key words: Landscape architecture; Greenway network construction; Greenway planning of Shunde District; Ecological design

《美国绿道》作者查尔斯·利特尔说："建设一条绿道相当于建造一个社区。"绿道发展始于2个重要因素：一是具有出众的自然或文化特征；二是拥有称职的卓有远见的领导[1]。绿道被证明是近十几年来最具创新性的土地保护理念。由于多样化的表现形式以及在生态、经济和社会价值方面的多样性，绿道已成为满足人类对未来开放性空间需求的聚焦点[2, 3]。如今，这个被国内外景观设计学者推崇的生态概念，正在进入中国各地官方视野，并被强力推行。2011年1月初，广东省宣布将用3年时间建成1690千米的"珠三角绿道网"，时任广东省委书记汪洋要求将绿道摆在和城市轨道同等重要位置，建设"两道工程"。顺德区在绿道建设中也不遗余力。在佛山市4条区域绿道中，顺德区涉及其中2条区域绿道，分别是3号珠三角文化休闲绿道和4号广珠生态休闲绿道，顺德区区域绿道总里程约为116千米，占总比例35.9%；顺德区城市绿道总里程约为262千米，占总比例的25.8%，其中主干城市绿道长度约101千米，占总比例的33.4%；在9个社区绿道示范区中，顺德区涉及均安生态乐园和顺峰山2个示范区。从顺德区的区域绿道数量以及区域绿道和主干城市绿道所占的比例来看，顺德区的绿道网建设在全市的绿道网建设中具有十分重要的作用。

顺德区的新一轮发展将奉行生态环境优先，突出岭南水乡特色，建设绿心、绿网、绿道。建设步行系统，自行车通勤廊道，打造顺峰山“城市绿心”，规划建设城市绿道，为市民提供漫步、运动、休息的空间。

一、绿道

绿道是具有生态、文化和休闲价值的线性景观。

（一）绿道的概念

绿道“Greenway”分成两个部分：“Green”表示自然存在，诸如森林河岸、野生动植物等；“Way”表示通道，合起来的意思就是与人为开发的景观相交叉的一种自然走廊。对于受人为干扰的景观而言，绿道具有双重功能，一方面为人类的进入和游憩活动提供了空间，另一方面对自然和文化遗产的保护起到了促进作用[4]。“绿道”是指用来连接的各种线型开敞空间的总称，包括从社区自行车道到引导野生动物进行季节性迁徙的栖息地走廊；从城市滨水带到远离城市的溪岸树荫游步道等。

（二）绿道类型

根据目标功能不同，绿道可分为区域绿道、城市绿道和社区绿道3级，各级绿道承担的功能分别为：①区域绿道。连接城市与城市，对区域生态环境保护和生态支撑体系建设具有重要影响的绿道。②城市绿道。连接城市内部重要功能组团，对城市生态系统建设具有重要意义的绿道。③社区绿道。连接社区公园、小游园和街头绿地，主要为附近居民服务的绿道。根据所处区位不同，绿道又可分为3类：生态型、郊野型和都市型[5]。

二、绿道规划研究进展与展望

绿道突破了“块状”休憩地的想象空间，形成“线状”。当城市轨道交通越来越挤压行人、自行车空间时，绿道以狭长空间排斥机动车进入；当鸟类等动物无法在城市生存时，绿道为动物提供了迁徙、繁殖、基因重组的通道；当河汊被填埋、掩盖时，绿道起到了保护作用。绿道更深层次的意义在于使市民能有公平享用国家公共资源的机会。

绿道首先是生态绿化廊道，能够保护动植物重要的廊道栖息地和动植物的多样性。其次，绿道还可以作为紧急缓冲区，它的湿地能够吸收水面、树林和灌木丛中的污染物，并覆盖绿道两旁的植被，从而净化空气。然后才引申出附属功能，如人们骑自行车、跑步等。随着国家逐步城市化，绿道能够为户外活动提供相应空间，并为那些远离传统公园的人们提供接近自然的可能性。绿道非常适合开展户外运动，如慢跑、散步、骑车、钓鱼、泛舟等，还为上下班的人们与上学、放学的孩子们提供了安全的通道。通过减弱对汽车的依赖性，绿道将人们和社区连接起来，从而提高空气质量并缓解道路拥堵。

绿道为那些沿道而建的企业提供了公用设施，如下水道、公共设施、光缆以及铁路。在一些社区，绿道还能作为紧急交通疏散通道。

三、设计原则与内容

（一）设计原则

1. 生态化

（1）乡土树种的选用。

（2）保护生态景观资源。

（3）利用现有的山体、水系和道路。

（4）尽量使用自然材料。

（5）限制生态敏感区的人类活动。

2. 人性化

（1）安全性。人车分离，特殊部位（桥梁、立交、道路交叉口）的设计，完善的标识系统。

（2）舒适性。

（3）通用设计（无障碍设计）。可达性、易识别性、可参与性。

3. 特色化

（1）高标准设计各节点、兴趣点和服务站，突出地方特色。

（2）根据廊道特点开展传统特色活动。

（3）选取具有乡土特色的植物种植和配套设施。

（4）根据顺德区的水乡特色，开展水陆双向绿道网设计。

（二）设计内容

设计要求内容有缓冲区、绿廊系统设计、慢行道设计、节点系统设计、标识系统设计、服务区。

1. 缓冲区设计

绿道缓冲区是指围绕绿道周围进行生态控制的范围，是绿道的生态基地，起到维护区域生态系统安全，营造生态环境优越、景观资源丰富的游憩空间的作用。

绿道缓冲区内慢行道两侧应留出不少于15米的通透开敞空间，且不得布置建筑，以保证其空间的开敞性。顺德区绿道缓冲区内应严格控制新建及改造项目的开发强度，其中生态型绿道缓冲区内的建筑密度应低于2%，容积率低于0.04，建筑层数不得超过2层，且人工构筑物单体或群体的地块面积应控制在300米×300米的范围内；郊野型绿道缓冲区内的建筑密度以低于5%为宜，最高不得超过10%，容积率应低于0.20，建筑层数不得超过3层；都市型绿道缓冲区则可参考城市绿地的要求进行管制，绿地率一般应大于70%。顺德区绿道缓冲区内的现状建设项目如符合相关规划及绿道的相关控制要求，则予以保留；对于不符合以上要求的，现状合法建设项目则近期保留，远期予以整改或拆除，现状违法建设项目则予以整改或拆除。

2. 绿廊系统设计

顺德绿廊系统是其绿道的生态基底，其主体包括植被、水体、土壤和野生动物资源等。绿廊植被应最大限度地保护、合理利用现有的和本土、自然和人工植被，维护区域内生态系统的健康和稳定。绿廊景观充分利用当地现有的景观资源，通过简单的环境改造，将沿线植被、河汊、池塘、村落以及人文景观与绿道功能相结合，创造景观自然优美、富有地方特色的绿道系统。顺德区是个水乡城市，不仅有水道、河汊、鱼塘，其他水系也特别多。绿廊内的水体建设应以生态性、亲水性为原则，如杏坛、容桂等绿廊须根据河流的天然走向进行绿道的规划设计，不能随意改变河流的自然形态，不宜采用截污取直、渠化、固化的方式破坏河流的生态环境。根据水体不同区段生态敏感性的不同，并结合各区段绿道的主题，设定相应的活动强度与内容。在湿地、滩涂等河流生态敏感区内，应避免设置人工构筑物，绿道的铺设应采用生态型材料，并控制铺设宽度。

顺德区绿廊建设运用了大量顺德地区的乡土植物，这是实现区域性植物多样性保护的有效手段，也是实现区域性植物资源持续利用的途径。顺德区绿道绿地中的乡土植物是经过长期自然选择的结果，已适应当地的环境条件，本土化植物景观设计使绿道原有场地中有价值的生态得以保存，不仅保存了当地植物的遗传基因、植被特色，同时对降低生物入侵的风险有积极作用。乡土植物适应性强、容易繁殖、苗木成本低且易于管理维护，加大推广乡土植物的运用是体现节约型绿地和可持续性景观的重要手段，必将体现出越来越高的价值。在绿道绿地设计中，应该把有目的地保留原有植被和重视乡土植物的运用放到景观建设的首位，这些措施可奠定植物群落在改造后恢复的可能性，为生态多样性的恢复提供了优越的条件。此外，乡土植物可体现顺德区的文化特征，实现顺德绿道景观文化的本土化。

3. 慢行道设计

顺德区绿道慢行道设计的参考宽度标准见下表[6]。

表 各类慢行道的参考宽度标准

（单位：米）

类型	都市型区域绿道	郊野型区域绿道	生态型区域绿道
步行道	2.0	1.5	1.2
自行车道	3.0	1.5	1.5
无障碍道	3.0	2.0	1.5
综合慢行道	6.0	3.0	2.0

顺德绿道慢行道中自行车道坡度≥0.2，且不得大于8；步行道坡度≥0.2，大于8.0应设置梯步，无障碍慢行道、综合慢行道坡度≥0.2，且不得大于8.0。慢行道铺装材料应满足使用强度，符合环保、人性化设计的要求，铺面的形式和色彩应与周围自然环境相协调。

铺装分为软性铺装，硬性铺装，半硬性铺装。生态型慢行道、综合慢行道铺面材料大多有裸土、石灰石、煤渣、碎木纤维，滨水慢行道、步行道用木栈道。郊野型或都市型慢行道、自行车道、步行道、综合慢行道则大部分采用彩色沥青、混凝土、面砖、砌块及板材、透空砌块、多孔性透水砖、细碎石或细鹅卵石等。

4. 节点系统设计

节点系统设计包括道路交叉口、跨河、高架立交桥等。发展节点首先应根据顺德区的自然资源和人文资源对其进行适当的生态修复，体现顺德当地的自然或人文特色，使其更符合区域绿道的功能定位。为便于绿道中游客逗留和休憩，节点应配备完善的服务设施和相应的水、电、能源、环保、抗灾等基础工程条件，应避开易发生自然灾害和不利于工程建设的地段，除添加必要的辅助人工游憩要素外，节点建设不应对原有地段内的生态环境产生较大冲击，特别是不得对其地形、地貌、天然植被等自然条件造成破坏。

5. 标识系统

包括信息标志、指路标志、规章标志、警示标志、安全标志和教育标志。顺德区绿道各类标志牌必须按统一规范清晰、简洁地加以设置，从而实现对绿道使用者的指引功能。各种标志牌一般应设置在游客行进方向道路右侧或分隔带上，牌面下缘至地面高度宜为1.8～2.5米。绿道的标志要在统一规格的基础上体现顺德地方特色，应明显区别于道路交通及其他标识。制作标志牌所采用的原材料应体现环保和节约的精神[7]。

6. 服务区

（1）类型。①综合型服务区。规模大、功能完善，主要包括停车处、自行车租赁、小卖部、公共厕所，以及自行车维护、餐饮、医疗救护设施，必要时可安排住宿设施，设于城市外围。②一般型服务区。规模较小，只具备基本功能，以停车、自行车租赁和小卖部、公共厕所功能为主，设于城市中心区。

（2）间距。自行车正常时速为11～14千米/小时，以0.5～1.0小时为合理停车间距计，服务区合理的间距应为5～10千米。

四、结语

绿道提供了保护国家文化遗产的方式，铺就了一条接近社区中具有重要历史意义和艺术价值建筑物的通道，让人们有机会去缅怀历史和传统，重游那些见证历史的遗迹和工业中心。而绿道的伟大意义在于它不是一条廊道，而应最终形成一个绿色网络。顺德区绿道建设目标是构筑城乡一体化的区域、城市、社区3个层面多类型、多功能的绿道网系统；建设以区域绿地（Greenland）为背景、绿网（Greennet）及绿道网（Greenway）为骨架的佛山市“3G”绿化休闲体系，打造岭南“绿城”（Greencity）；以绿道建设为切入点，发展休闲经济，倡导“生态、绿色、低碳”的新生活方式，打造“阳光、水乡、宜居”的新形象[8]。

参考文献：

[1] J.G.法伯斯.美国绿道规划：起源与当代案例[J].景观设计学，2009（4）：16-27.

[2] 刘滨谊，余畅. 美国绿道网络规划的发展与启示[J]. 中国园林，2001，17（6）：77-81.

[3] 贾俊，高晶. 英国绿带政策的起源、发展和挑战[J].中国园林，2005（3）：69-72.

[4] 韩西丽. 从绿化隔离带到绿色通道——以北京市绿化隔离带为例[J]. 城市问题，2004（2）：27-31.

[5] 张毅川，李东升，乔丽芳. 城市“绿道”类型、功能与设置浅议[J]. 防护林科技，2004（4）：50-51.

[6] 朱强，俞孔坚，李迪华. 景观规划中的生态廊道宽度[J]. 生态学报，2005（9）：2 406-2 412.

[7] 李团胜，王萍. 绿道及其生态意义[J]. 生态学杂志，2001（6）：59-61.

[8] 谭少华，赵万民.绿道规划研究进展与展望[J].中国园林，2007（2）：85-89.

本文原载：安徽农业科学，2011, 39（23）：14 331-14 333

●绿色廊道公共环境标识的文化地域性格——以顺峰山绿道为例

郑燕宁

Culture and Regional Characteristic of the Public Environmental Signage in Green Corridor：Shunfeng Mountain’s Green Corridor as an Example

Zheng Yanning

摘　要：顺峰山绿色廊道在广东省绿道标识系统规范设计的基础上，通过渲染加深绿色廊道标识的特征性、场所性及可识别性，提升它的地方特色性，打造具有顺峰山文化地域性格特征的地方公共环境绿道景观标识形象，是顺峰山绿色廊道标识设计形象的“地域性”“文化性”“时代性”的综合体现。

关键词：公共环境标识；绿道标识；文化地域性格

公共环境标识在城市环境景观中起到构筑空间秩序、传递信息的作用。如今公共环境标识系统作为一种特殊的语言，延伸到城市整体形象和地域文化领域中，比如在顺峰山绿道的公共环境标识中，既规范广东省绿道标识系统，表现出时代性，又能因地制宜结合地方绿道特色表现出地域性，渲染顺德文化，突出文化性。构建公共环境标志性的绿道形象标识，加深顺峰山绿色廊道标识的特征性、场所性及可识别性，进一步表达顺峰山绿色廊道标识设计形象的“地域性”“文化性”“时代性”，打造文化地域性格。文化地域性格是唐孝祥教授首次提出的，主要是提示地域技术特征、文化时代精神、人文艺术品格这三者的深刻内涵[1,2]。

一、概念属性

标识是环境视觉元素[3]，是在环境场所中放置、对环境场所达到识别功能和形象作用的基本构成元素之一。标识布局以及设计的前提基础条件是空间环境场所[3]。而公共环境标识是指在一定的开放性的空间经过系统、规范的控制，以图案、色彩、文字等元素的组合设计，满足给予形象、方向、内容、特征、原则等功能，受到地方特色环境人文历史条件会影响的标识设计[3]。环境标识的设计离不开原有的人类环境和原有的结构[4]。在历史与文化保护发展的背景下，在更新语境的过程中保护发展历史文化脉络，才能具备在时代性、地域性和文化性完美融合的文化地域性格特征[4]。

二、顺峰山绿道标识

1. 绿道概念

绿道是为民众提供游憩空间和交往空间的线形绿色开敞空间，在自然环境、文化内涵及历史遗产的更新和延续等方面起到了强化作用。

2. 顺峰山绿道简介

顺德大良绿道属珠三角绿道3号、4号线顺德段组成部分，全长约13.8千米，其中3号线由顺峰山公园至德胜西路与容桂绿道相接，顺峰山公园中的路线是从华桂入口沿公园西式湖环湖路至伏波桥至中式湖环湖路，4号线由观绿路往南上德胜大桥与容桂绿道相接。

3. 顺峰山绿道公共环境标识系统属性

顺峰山绿道的人工系统是为满足市民绿道游憩功能所配建的。它的公共环境标识系统主要内容有以下5种：总图、景点信息标志，道路指向标志，绿道规章管理标志，场地安全警示标志，市民文化教育标志。顺峰山绿道标识服务对象主要为市民，它们的受众反映是对标识设计质量进行评估的客观标准。图1为大良顺峰山绿道标识系统布局平面图。

4. 顺峰山绿道标识功能

（1）引导功能。通过某个特定区域的地图、图表等整体图示，对任何位置与现处地之间的关系进行标识。

（2）解说功能。对一些特别的建筑、景点、区域、对象等通过语言文字解释或图形等形式进行具体介绍说明或语音讲解。

（3）指示功能。对表示目的地的方向、距离、位置等内容进行标识，常采用箭头加文字或图形的表现方式。

（4）命名功能。对特殊的有代表性的景点、建筑、道路和地域、对象等名称进行标识。

（5）安全警示功能。对绿道中具有危险性的区域进行禁止标识和警告标识。

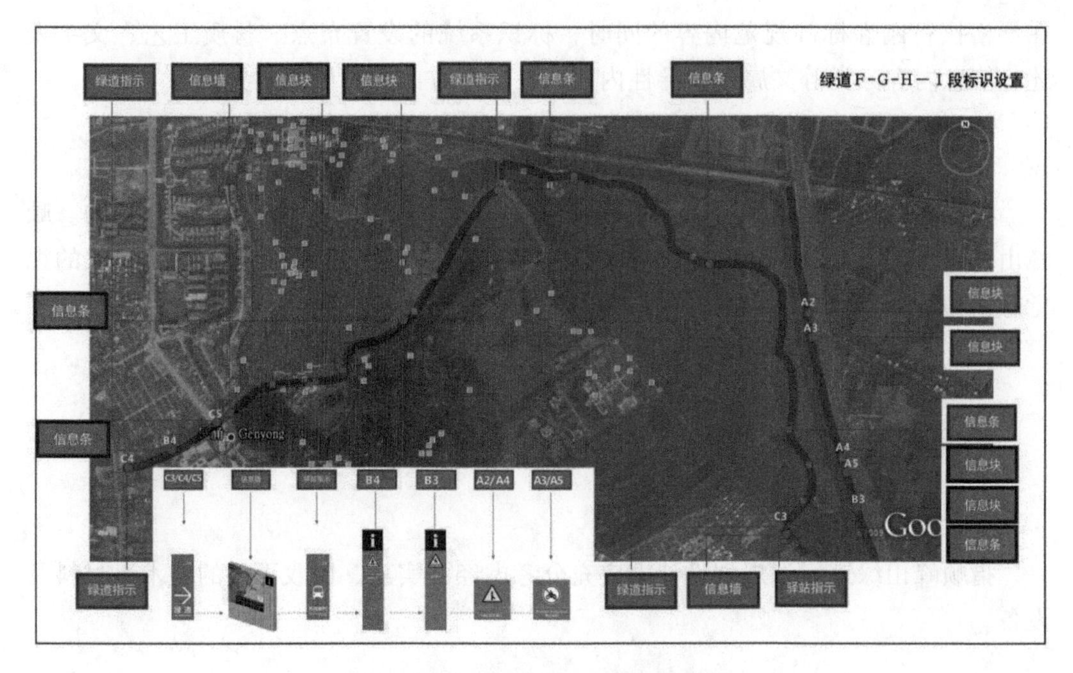

图1　顺峰山绿道标识系统布局平面

5. 顺峰山绿道标识布局

通常绿道标识系统的布局分两种：点阵分布和线性分布。顺峰山绿道处于顺德区大良的旅游、观光路段，围绕顺峰山公园而设。市民游玩绿道的目标性很明确，但出发点因居住区域不同而各异，因而顺峰山绿道标识设计采用线性分布方式，标识沿路进行排列，方便市民；标识设置数量相对减少，满足经济原则。

三、指导原则

1. 标准化

在设计标识过程中，顺峰山绿道标识首先要保障执行《珠三角绿道网标识系统设计》的标准。

2. 文化地域性格

绿道的公共环境标识能因地制宜，结合地方环境表现出地域性，渲染顺德文化，突出文化性，加深顺峰山绿道标识的特征性、场所性及可识别性，表达顺峰山绿色廊道标识设计形象的地域性、文化性、时代性，塑造文化地域性格。

3. 多样化

多样化体现在顺峰山绿道标识系统设计标识规划既重视整体性又重视连续性，

在严格执行刚性标准规范内容的同时，标识系统的设置布点、材质工艺、文字表述、信息内容分类等又属于指导性内容。在这些方面注意风格差异化。

4. 人性化

在绿道的指导原则中，以人为本位，关心人、重视人的体验是非常重要的。顺峰山绿道标识系统规划和标识设计一定要尊重各阶层各年龄人的需求，多从人的视觉感觉和心理习惯出发考虑，完善标识系统，厘清主次关系。

5. 可操作性

顺峰山绿道标识设计要具备实用性，施工期、管理期都要方便操作。

6. 可持续性

指顺峰山绿道标识规划设计中应充分考虑经济实惠、回收再生的技术、材料及设备。

四、设计内容和设计载体

1. 设计内容

（1）顺峰山绿道的总图、景点信息标志。用于标示游客处于绿道系统中的位置，并为游客提供绿道沿线的驿站、游览景点、娱乐场所和游览线路、时间安排等相关信息资源。

（2）顺峰山绿道指示标志。用于为游客标示绿道游览线路及方向等信息。

（3）顺峰山绿道规章标志。用于为游客提供政府出台的绿道相关政策、关于绿道的法律、法规等文字。

（4）顺峰山绿道安全警示标志。用于标示绿道中可能存在的危险因素和它的程度，可以准确无误标出游客所处方位，为游客的救援迅速提供指导。

（5）顺峰山绿道市民文化教育标志。用于为游客特别是青少年标示绿道归属地区的特点或自然资源与文化内涵，普及自然、地理、生态等知识。

2.标识载体

（1）顺峰山绿道指示标识。主要在靠近顺峰山绿道出入口处，顺峰山绿道共设置两处，即105国道与金沙大道交汇处以及碧桂路与南国路交汇处。

（2）顺峰山绿道驿站指示标识和驿站标识。驿站指示标识表示顺峰山绿道驿站在什么位置、什么方向以及具体距离。驿站标识指在顺德山绿道驿站前设置，标明绿道驿站如何到达的标识。

（3）顺峰山绿道标识。在顺德绿道出入口设置，达到地标的作用。

（4）顺峰山绿道信息墙。为引导游客掌握区域信息服务，主要功能是解说、引导、指示。信息墙墙面主要内容有广域引导图和区域引导图。区域引导图利用文字、图形，以所处位置为中心，标明周边1千米的地理信息、重要景区、景点、交通干道等信息[5]。信息墙具体设置位置有顺峰山绿道出入口、绿道驿站、绿道交叉路口、绿道主线与支线的接驳处。

顺峰山绿道信息墙上的内容还有景观介绍标识，首先是对顺峰山自然风景区的介绍，标明顺峰山公园的地形地貌、建设过程、自然环境价值等。其次是对动植物景观的介绍，标明顺峰山公园内生物，包括现今存活的动植物的种类科属、形态特征、生活习惯、保护层次。再次是对遗址遗迹景观介绍，标明孔子庙、青云塔等景点，包括建设时间、历史背景、发展现状以及文脉影响等。最后是对建筑与宗教景观的介绍。另外游乐设施介绍标识会说明顺峰山公园现有的娱乐设备的开放时间、管理方式以及标注一些警示文字。

沿线的信息墙上还要设置石牌坊、旧寨塔、桂海芳丛等处的人文介绍标识，做历史文化、风俗民情知识介绍，提供教育科普与文化宣传等。还设置管理说明标识，提示顺峰山绿道所执行的国家有关法律规章制度等。

在信息墙上常采用箭头加文字或图形的表现方式设置导向性标识，指示道路、设施、景点、建筑等目的地的方向、距离等。

（5）顺峰山绿道信息条。提供顺峰山绿道终端信息服务，作为“解说、指示、命名、禁止、警示功能”的载体。由各种直立也有侧立的方体与标识组合，直立信息条可以悬挂各种垃圾筒、饮水机、公用电话等公共设备，侧立信息条结合休息座椅，是个良好的标识载体。

绿道信息条内容有禁止、安全警示性标识，包括禁止通行、友情提示、安全须知、公益倡议牌等，如“请勿践踏小草”“请沿栈道行走”等信息提示牌，各地方则因地制宜，酌情设计。安全警示性标识则标明发生危险性较高的区域、有什么防护措施、游人注意的事项，包括大于5米远距离信息提示的安全警示性标识。

顺峰山绿道信息条根据需要设置命名标识，位于有历史、文化价值的地区、景点、建筑等周边，如青云塔、宝林寺、孔子庙等，同时辅助简要的文字解说。也可根据景点的特征、风格、文化等内容做一些特别设计。

绿道信息条设置景观介绍标识和管理说明标识，适用于侧立型绿道信息条。设置位置可顺绿道沿线，视需要设置。

（6）顺峰山绿道信息块。可以设置包括解说功能、警示功能、禁止功能、命名功能的标识说明，绿道信息块的体量较小，适用于近距离的信息提示。有绿道城际标识、禁止标识、安全警示性标识、管理说明标识等内容。

绿道城际标识用于标示顺德大良与其他镇街之间的边界，附有地区名等信息。

设置于大良绿道与伦教、容桂、番禺的边界。禁止、安全警示性标识的内容有禁止通行、友情提示、安全警示、安全须知牌以及公益倡议牌等。

五、设计要点

第一，顺峰山绿道应符合标识系统所提出的各项要求，参照基本标准规范执行，包括刚性内容和指导性内容两类。标识系统的文化地域性更多体现在标识的分类、沿线设置、材质工艺以及信息分类等。

第二，同一地点标识内容最多是4种标志。

第三，顺峰山绿道的标志要在参照基本标准规范的基础上，具有明显的地方特色、场所性，可以根据地方的特色不同、文化不同、地域不同、材料不同，表现出不一样的物质属性、文化特性、文化内涵及文化心理。

第四，标志牌采用经济实惠、低碳低耗、可回收再生的前沿技术、材料及设备，达到节能、环保要求，使标识系统既防盗防潮，又防腐防晒，还能防风等[6]。

第五，标志牌的设置根据人体工程学的有效视觉距离来确定，包括标志牌的高度、文字、图形信息的大小以及张挂形态，简单明了，易于识别。

总之，在广东省绿色廊道的建设任务中，顺峰山绿道网标识通过打造该绿道的地域技术特征、文化时代精神和人文艺术品格3方面内容，表现了顺峰山绿道网标识的最基本的物质属性，以及顺德地区普遍具有的文化特性，表现了顺德地区整个社会的深层次文化内涵和文化心理。这三者协同，形成了顺峰山绿道公共环境标识的文化地域性格。

基金项目：亚热带建筑科学国家重点实验室2014自主研究课题创新探索基金项目（2014ZC10）“风景园林学视野下的珠三角园林城市群的绿色网络构建研究”（项目编号：x2jz-C714013z）

参考文献

[1] 唐孝祥.近代岭南建筑美学研究[M].北京：中国建筑工业出版社，2003.

[2] 唐孝祥.岭南近代建筑文化与美学[M].北京：中国建筑工业出版社，2010.

[3] 占晓芳.公共环境标识的地域文化性研究[D].南昌：南昌大学，2007.

[4] 袁朝辉.谈公共环境标识设计与城市形象[J].商业时代，2007（35）：104-105.

[5] 邱健.基于通勤出行行为的城市通勤绿道设计探索[D].雅安：四川农业大学，2012.

[6] 广东省住房和城乡建设厅,珠江三角洲绿道网规划项目组.珠江三角洲绿道网总体规划纲要[J].建筑监督检测与造价，2010（3）：10-70.

本文原载：装饰，2016（10）：132-133

●珠二环伦教新基北路互通绿化工程

郑燕宁、江芳、李凯发与珠江园林、新杰华艺园艺公司创新合作

（该作品获得广东省风景园林协会优良样板工程金奖，广东省“南粤杯”景观工程项目设计技能大赛铜奖）

局部效果图三

改造前

位置图

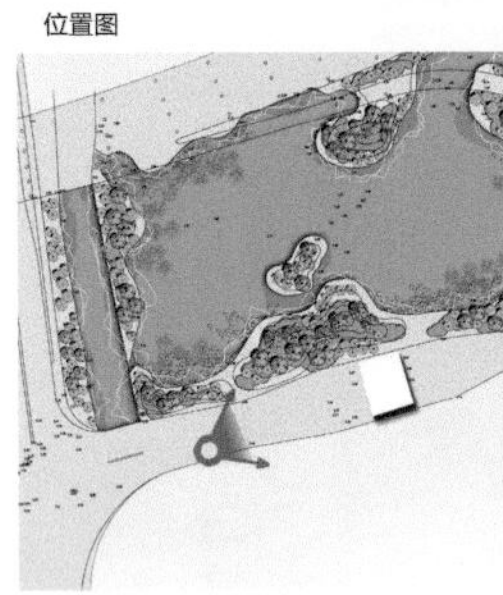

改造后

在收费站路段种植多种开花植物，形成四季有花色彩缤纷的迎宾效果。

局部效果图四

改造前

位置图

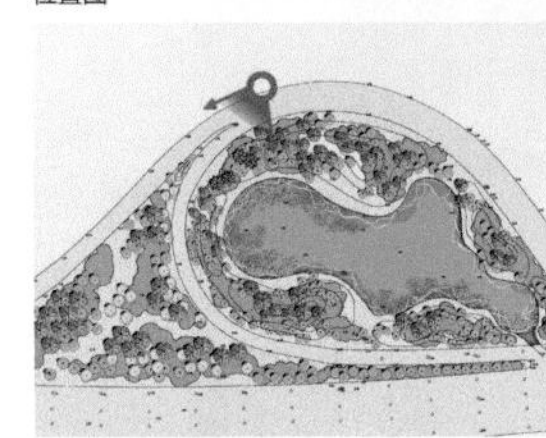

改造后

在分叉路口上种植醒目的乔木，给司机起到提醒的作用。改造后的植物景观色彩更加丰富和斑斓，有助缓解驾驶疲劳，给视觉上带来变化。

局部效果图五

改造前

改造后

位置图

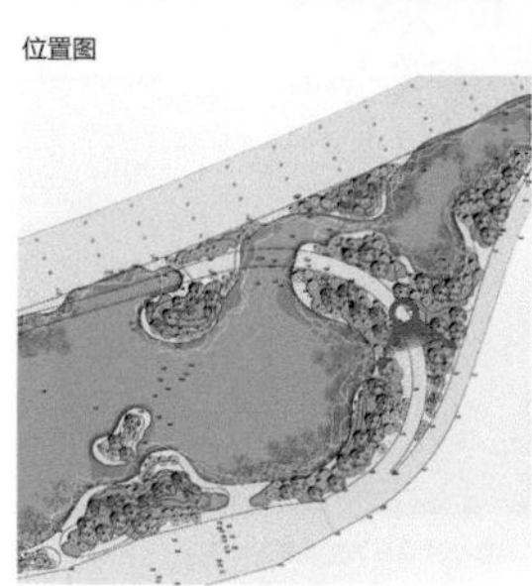

通过在原有的水体中堆坡做岛，结合丰富的水生植物和乔木，使得水体和高架桥更好的结合在一起，而不是生硬的架在水面上，使两者互为景观相得益彰。

局部效果图六

改造前

改造后

位置图

道路两边增加了多个品种的乔木，如蓝洋楹、大叶紫薇、木棉、凤凰木等开花乔木，沿路种植了杜鹃为道路增加各种色彩和季相变化，高低错落的组合使组团植物显得更加丰富。

局部效果图七

改造前

改造后

位置图

通过增加高架桥底的水生植物和阴生植物美人蕉、菖蒲、旱伞草，八角金盘、芭蕉等，使得桥下空间更加丰富多彩，在桥柱的地方因缺乏泥土无法种植水生植物，运用浮台种植池的方式种植水生植物，使高架桥与自然环境结合得更好。

改造前

改造后

位置图

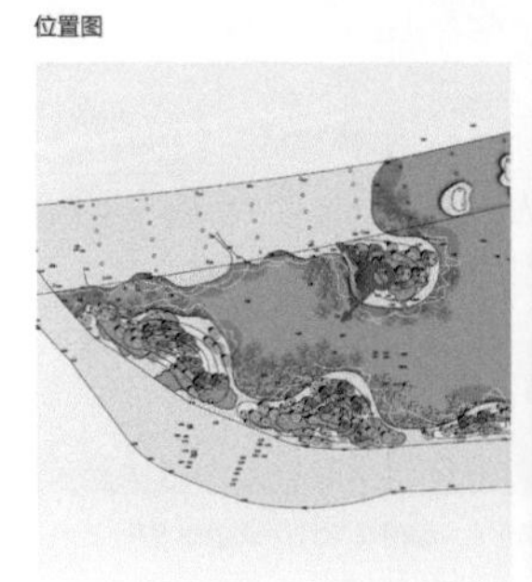

通过在原有的水体中堆坡做岛，结合丰富的水生植物和乔木，在桥底边种植黄瑾和水翁，使得水体和高架桥更好的结合在一起，使两者互为景观相得益彰。

局部效果图九

改造前

位置图

改造后

通过在原有鱼塘岸线做成缓坡状水边种植荷花、菖蒲，水中利用8~10厘米松木桩做防止植物泛滥处理，保证水生植物的设计效果。

局部效果图十

改造后　新基北路效果图

通过组团式种植乔灌木，形成错落有致的植物景观，间或留出一些通透的视线窗口，可以看到里面的水体景观，展现水乡特色风貌。

●连云港连云开发区景观规划设计

江芳、郑燕宁、叶春涛与香港绿色建筑设计院合作

（该作品在中国建筑装饰协会主办的优秀工程设计奖中获得优秀景观工程类奖）

经七路与核电南路交叉口　连云开发区环境景观设计

经七路与滨河路交叉口

和谐·发展

连云开发区环境景观设计

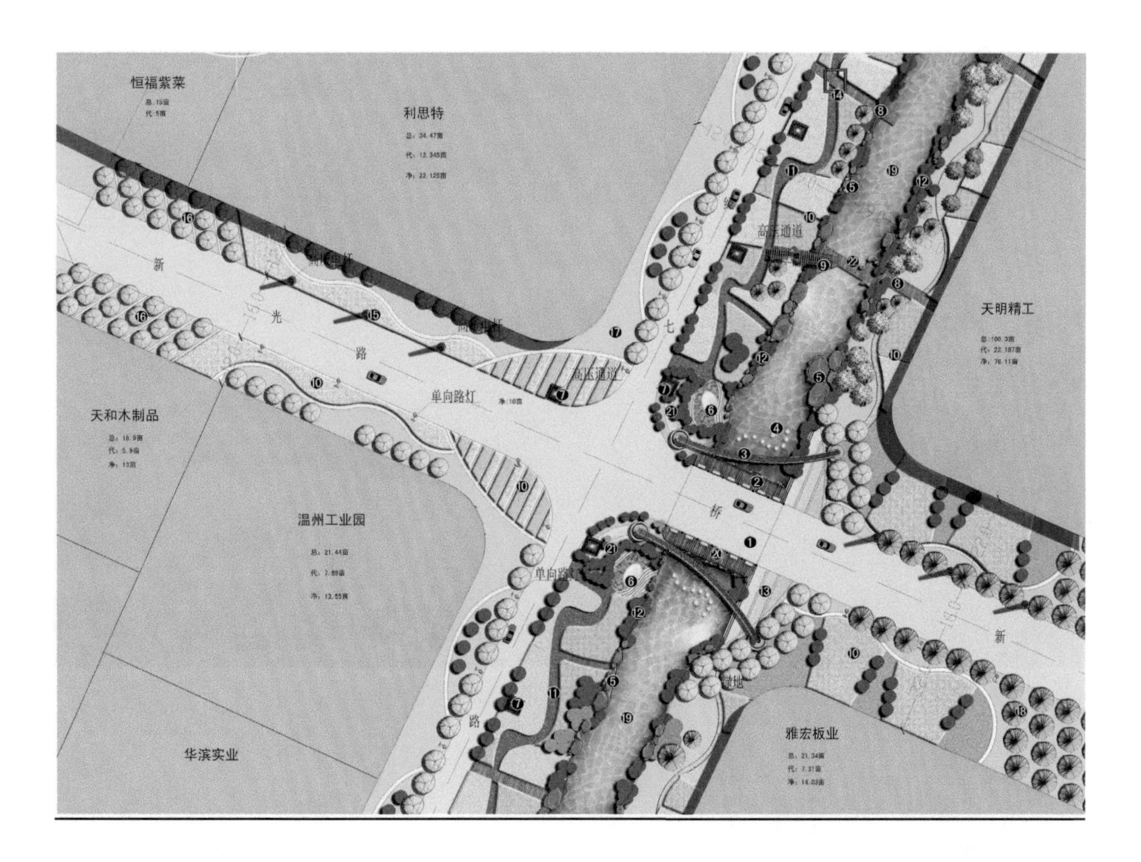
恒福紫菜
利思特
天明精工
天和木制品
温州工业园
华滨实业
雅宏板业
新
光
路
七
桥
单向路灯
高压通道

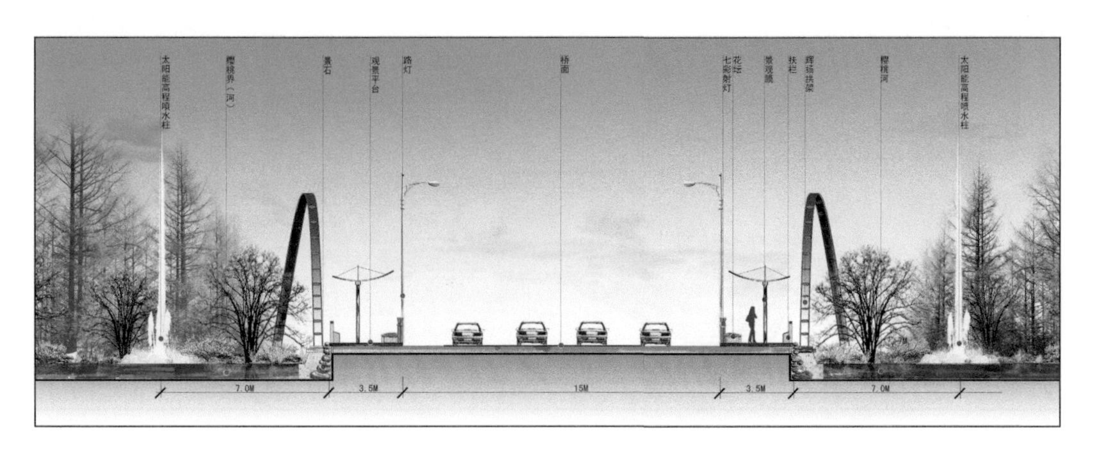
太阳能高程喷水柱
樱桃界（河）
景石
观景平台
路灯
桥面
七彩射灯
花坛
景观灯
扶栏
辉扬拱架
樱桃河
太阳能高程喷水柱
7.0M
3.5M
15M
3.5M
7.0M

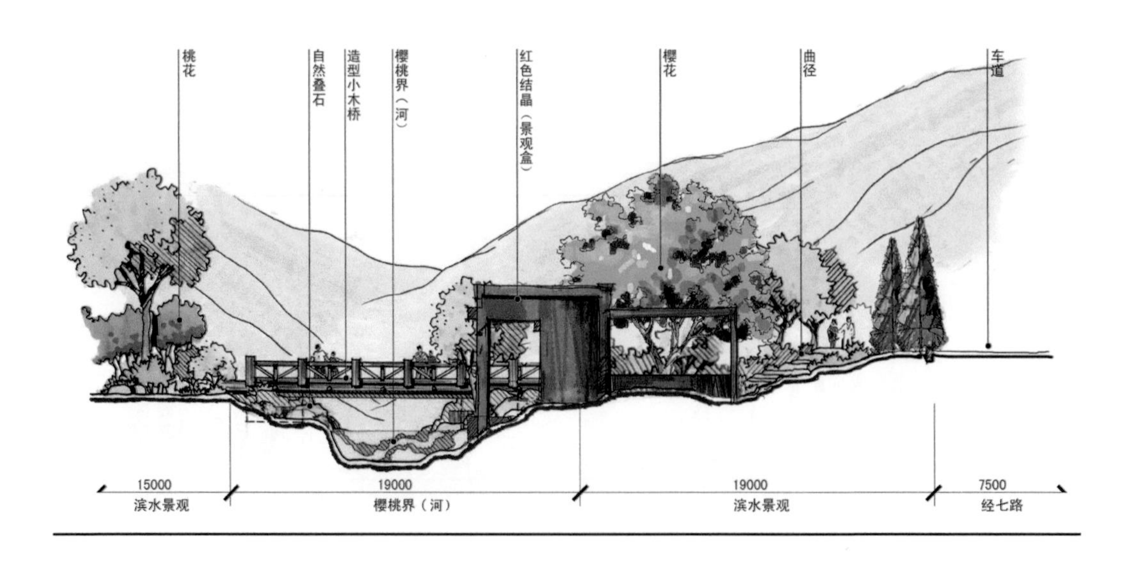
桃花
自然叠石
造型小木桥
樱桃界（河）
红色结晶（景观盒）
樱花
曲径
车道
15000
滨水景观
19000
樱桃界（河）
19000
滨水景观
7500
经七路

●伦教湿地公园景观概念设计

江芳、郑燕宁、李凯发与广东珠江园林建筑有限公司合作

（该作品获得2018年教育部院校艺术设计类专业教学委员会全国职业院校艺术设计类作品环境艺术设计类三等奖）

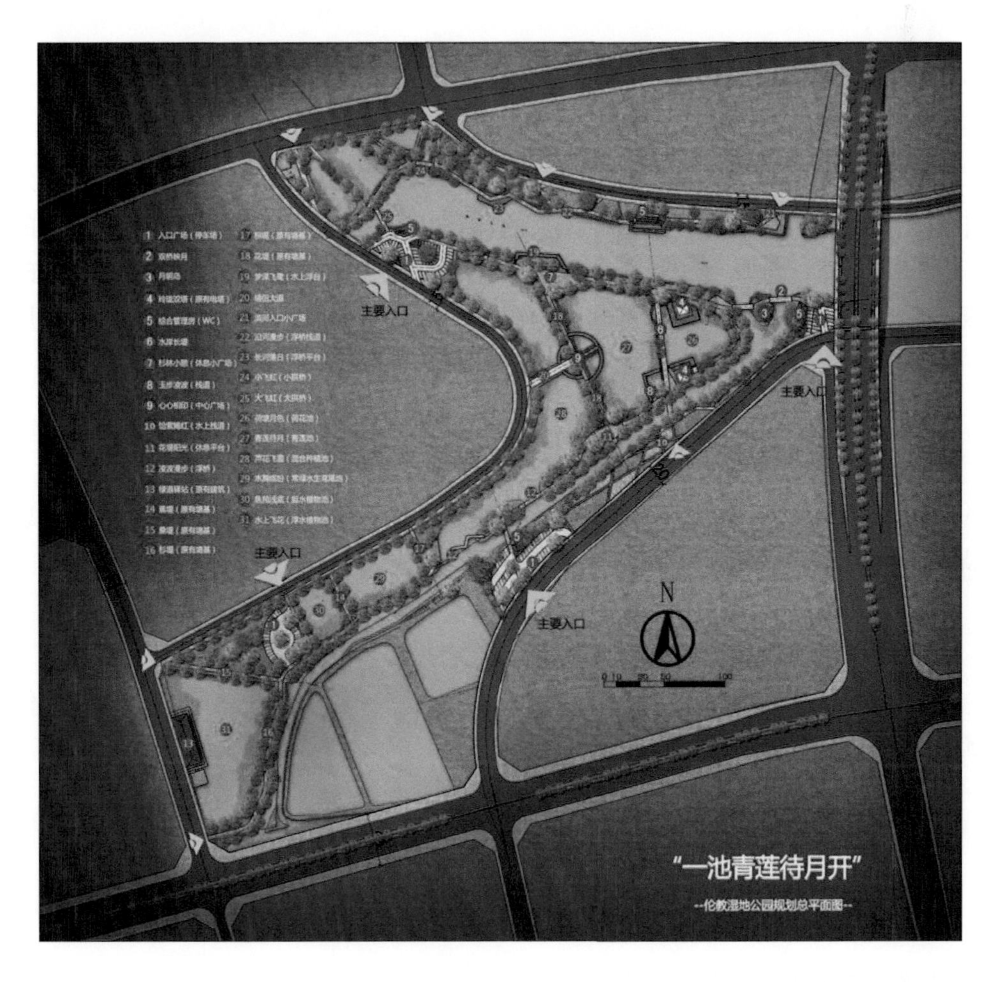
主要入口
主要入口
主要入口
主要入口
N
“一池青莲待月开”
--伦教湿地公园规划总平面图--

第二节　学生优秀毕业设计作品

●年轮、乡村印记——佛山南海桂城三山农民公园景观规划设计

设计者：2012届林超、符东、李辰晨、黄秋霞、谢婉琪
指导老师：郑燕宁

（该作品获得第七届全国高职高专教育建筑设计类专业优秀毕业设计作品奖金奖）

一、主题：年轮、乡村印记

所谓年轮，指树木生长中所形成的特殊的年周期环状轮圈，正如乡村历史发展的印记，每一个年代都有一个独一无二的印记，带有自己的历史文化，有自己的特色。所以我们要充分尊重千百年形成的土地，附着物及其自然精神。不要轻易改变而要敬畏它们。每一寸土地都有它的历史文化和故地特征，强调尊重自然的发展规律，尊重人的根本需求，尊重地方文化的延续。

二、设计理念

一是保持历史的记忆，文化的延续与恒定，创造舒适、便捷、丰富、启迪思想的诗意，栖居空间，展示和谐环境。

二是将居民的生活气息、乡村气氛融入公园中。

三是具备学习、展览和互动活动等新措施的公园空间。

四是充分利用本地自然，农村之间的良好关系，培育多样化的生态和文化价值公园。

三、桂城三山地理概念

1. 佛山桂城三山地理位置

三山位于珠江三角中心，广佛中央，可谓是穗深港经济轴之“颈”，广佛经济

圈之“心”。三山是一个有山有水的岛，岛上有三山西桥，三山南桥，三山渡口，与平洲与顺德路口相连接，而当地有工厂，物流区，深水港货柜码头，自然村基业花园，随着潜在人口增加和城市化的加快，这不仅是改善市区及当地自然绿地空间的良好机会，也是为三山当地创造健康平衡的公园系统。

2. 三山概况

山水总体定为“南海花港、生态水城”，以绿地景观建设为契机，重点挖掘城市内涵，打造城市特色，形成地区的核心品牌和竞争力。营造生态景观，打造“在绿洲中的城市”。三山三面环水，内有多座山体，有着丰富的山水资源，却不能得到很好的开发和利用。

四、设计原则

三山农民公园本着尊重自然发展规律，尊重历史文化，加以创新，改造具有农民特色的乡村公园，规划设计分为几个层次：首先保护原有的地形生态；其次是设计空间突出其景观价值；再次是触动人的感官（即视觉、听觉、嗅觉、触觉的感受）。使其成为追求人性化的空间活动场所，进一步增加温柔的感性环境。

五、规划思想

1. 公园的再生性

（1）适应性。适应农民、当地环境的农民公园。

（2）水元素。利用周边环境的水资源，创造多元化水景观。

（3）创新性。创造出具有农民生活特色的公园，即艺术农田，利用更多的农村乡间元素塑造景观。

（4）活跃的空间。对多元空间体验，融合娱乐、休闲与学习等，确保长远持续性的发展。

（5）四季性。以农作物为主导，创造以常见的农作物点缀公园，如芭蕉、水稻、甘蔗等。

2. 使用者的动态

（1）活动与社会互动。

（2）便利且安全。

（3）密切连接。

把公园当作一个中心点，使周边的居民，通过公园这个平台更好的活动，增强邻近之间的互动，为行人和自行车建立方便安全的通道，不仅连接公园的各个部分，还通过公园里的生态多样性，多元化景观吸引周边居民在此活动。

3. 公园的价值与维护

（1）公园的潜力。

（2）可持续发展。利用生态中动、植物之间相互循环，形成生态链，公园的设计重新考虑到自然资源，生态和人对自然与公园的需求。通过了解并改善当地的生态潜力，利用周边水资源和植被作为保留，通过一些特色的标志，提醒游人要保护环境，同时起到教育作用，提高当地居民的素质。另外，利用合适的道路和行道树种创造精细的城市景观。

（3）农民自主管理和维护。公园管理通过定期每家每户轮流分配管理，维护一部分的耕地和公园景观。

六、种植物设计

植物是景观设计重要的构成元素之一，园林种植设计是总体设计的一项单项设计，一个重要的不可或缺的组成部分。植物与山水地形、建筑、道路广场等其他园林构成元素之间互相配合、相辅相成，共同完善和深化了总体设计。

1. 种植原则

（1）注重物种的多样性，充分考虑不同层次的植物生长习性，形成乔、灌、地被、草的多层次，常绿与落叶树种相结合，乔木与灌木相结合的多样绿化景观。

（2）因地制宜，塑造多变景观。注重人在不同空间场所中的心理体验感受的变化，从多方面着手，形成疏密、明暗、动静的对比，创造出丰富的植物空间围合形态。

（3）注重植物种植的文化性原则，通过植物配置和群体寓意，深化园林空间的景观感受，提升整体景观空间的文化品味。

（4）树种选择以适地选树为原则，注重速生树种与慢生树种的结合，强调近期与远期兼顾的绿化效果及特色景观空间的形成。

2. 种植目标

合理的配置，使绿化、美化、香化同步进行。达到春有花、夏有阴、秋有果、冬有青的宜人景象。

3. 分类

（1）公园入口与主要行道。以落叶开花、观叶的大乔木为前景树种，常绿乔木为背景的树种，营造人为景观道路，达到春季观花、夏季遮阴、秋季观叶、冬季有充足的阳光效果，以小叶榄仁、樟树、杨桃、白玉兰、大叶紫薇为主。

（2）块状绿地的背景树以常绿树为主，如广玉兰、鹅掌楸、女贞等。

（3）田园。以农作物为主，即能在不同季节更换不同的农作物，丰富四季的需求，增加景观的美观性。

4. 文化厅的景点

以落叶大乔木形成上层界面空间，常绿阔叶树种为背景树种，选择花色鲜艳的植物作为主要景观树种，同时通过不同组团间的植物搭配不同，塑造不同的季节景观，以凤凰木、榕树、羊蹄甲等为主。

七、公园功能组织分区设计

1. 公园功能分区

公园功能分区明确，公园入口到特色水景为主轴线，以田园瞭望塔、高架廊道、亲水平台、浮桥、特色座椅、枯木甘蔗林、文化厅，到次入口为次轴线。结合上述，以公园人流方向合理地将广场规划为五大功能分区，西南方向为静态空间，即模纹农田与田园风光；东南方向为文化厅；公园中心是动态空间，即特色水景广场、阳光草坪；北面为休闲空间，即入口广场；公园西北方是开放空间，即亲水平台，红方块。

2. 道路交通组织

通过周边环境，主要以农村居民楼为主，本着尊重地形的原则及考虑周边居民方便快捷，将公园设计为开放空间。

3. 景区经典分区

（1）入口广场。具有引导功能，明确给人指导方向。入口广场以树阵种植，给人列阵欢迎的感觉，在花灌和林中缀花草地的烘托下，以下沉水景为点缀，令人产生回归自然的亲切感。

（2）阳光草坪。通过喧哗中找到宁静，在宁静中感受到和谐，在和谐中看到希望。意在将人们带到自然中，感受大自然的气息和宁静。

（3）中心广场。自然的水景一方面反映了大自然的审美、价值，另一方面反映了人与大自然之间的融合、相亲和谐交流，没有倾轮支配没有阻隔的方面蕴涵着丰富的生态伦理理想。

（4）田园风光。带你融入田园生活，感受田园风景带来的乐趣，呼吸农作物的味道，亲身体验农民的生活。

（5）模纹农田。由不同农作物种植拼砌而成的模纹式农田，不同的交叉，变形，形成音乐节奏般的韵律，登上瞭望塔，居高临下，一幅安逸的景致映入眼中。

（6）文化厅。种植观叶大乔木与建筑相互掩映，景致、优雅、整齐，是一处现代绿化空间景观。

八、区域立意

1. 异常游憩区

由入口广场、中心树阵、小型舞台、阳光草坪、儿童娱乐等规划布置，休闲娱乐汇聚一体，使人与人之间创造出更多有利于交流的机会，使邻与邻之间的关系拉得更近。

2. 滨水景观

设计了大量的水体，休闲平台，种植一系列的水生植物等构成了一处生机活泼的景观，让群众感受到自然的和谐，达到休闲放松。

3. 生态休闲区

以种植农作物为主，既能表达农民耕种的需要，同时也能达到自然景观的效果，农民通过自主管理，维护田园的景观。

4. 田园风光区

此区域以种植不同的农作物和桑基鱼塘为主，两者既能达到互相作用，同时又能作为一道亮丽的风景线。

5. 大众文化区

文化区主要给群众交谈、打牌、下棋等，便于更好的交流。同时也能展示出当地的一些文化特色。

九、公园维护管理

自主管理：通过每家每户每一季度分配耕作，自主打理农田，既能减少公园的维护费用，同时还能达到田园风光的效果。

十、园林照明

公园中结合植物，农作物和置石布局，设置草坪灯、地射灯、广场地理灯和水底灯等园林照明景观灯，突出园林亮丽的艺术效果。

十一、经济指标

总面积：18 863平方米。
水体总面积：1 957平方米，占总面积10%。
绿地面积：11 610平方米，占总面积61%。
铺砖面积：5 003平方米，占总面积26%。
园林建筑面积：293平方米，占总面积3%。

浮桥效果图
The pontoon effect chart

天然镜湖效果图
Effect of natural Jinghu

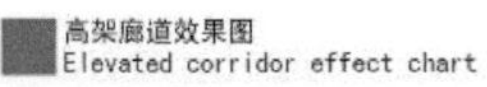
高架廊道效果图
Elevated corridor effect chart

模纹农田效果图
Pattern of farmland effect chart

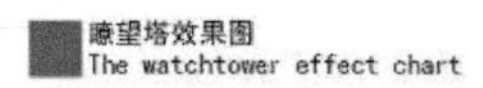

瞭望塔效果图
The watchtower effect chart

●有底之思——顺德职业技术学院信合广场规划设计

设计者：2005届叶春涛、纪德彬、赖銮娇、陈俊全、黄建智
指导老师：江芳、郑燕宁、卢伟成、李冬妹

（该作品获得2015年第一届盖雅杯景观设计作品展二等奖，
获得第三届中国环艺学年奖银奖）

2005
顺德职业技术学院信合广场规划设计
END
初步方案篇
思源隧道
SHUNDE POLYTECHNIC

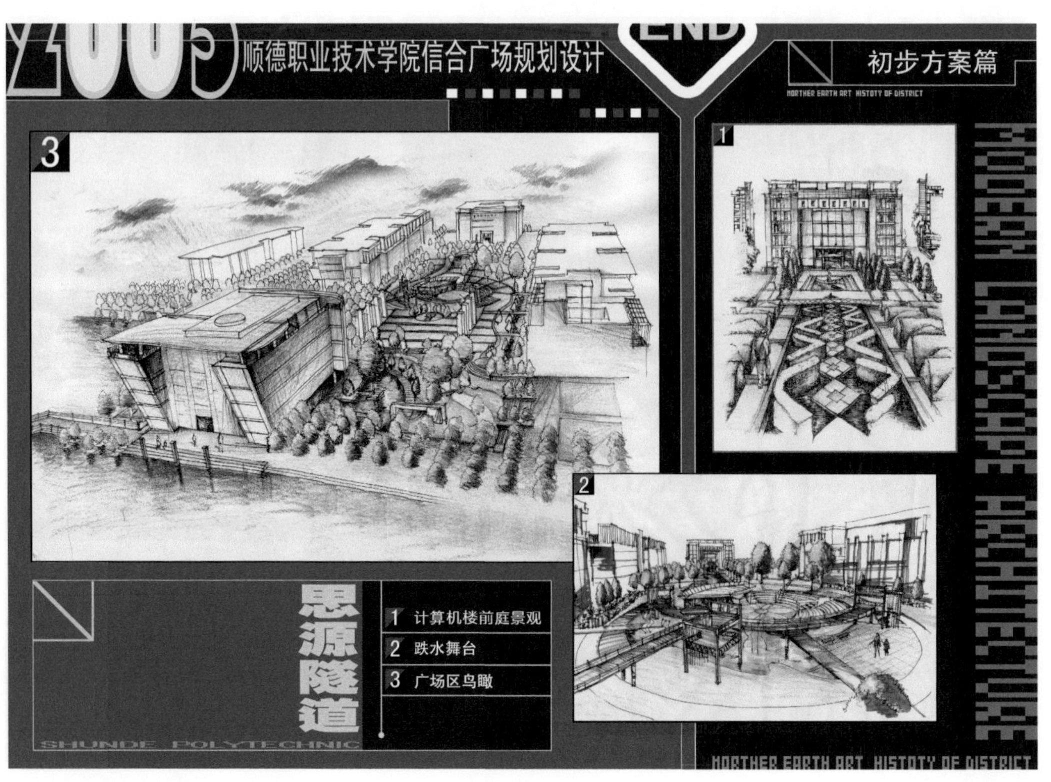
2005
顺德职业技术学院信合广场规划设计
END
初步方案篇
思源隧道
1 计算机楼前庭景观
2 跌水舞台
3 广场区鸟瞰
SHUNDE POLYTECHNIC

顺德职业技术学院信合广场规划设计
现状篇
SHUNDE POLYTECHNIC
思源隧道
信合广场
中心广场的主题雕塑如此壮观？
休息坐凳的另一种利用
MORTHER EARTH ART HISTOTY OF DISTRICT
现状分析图

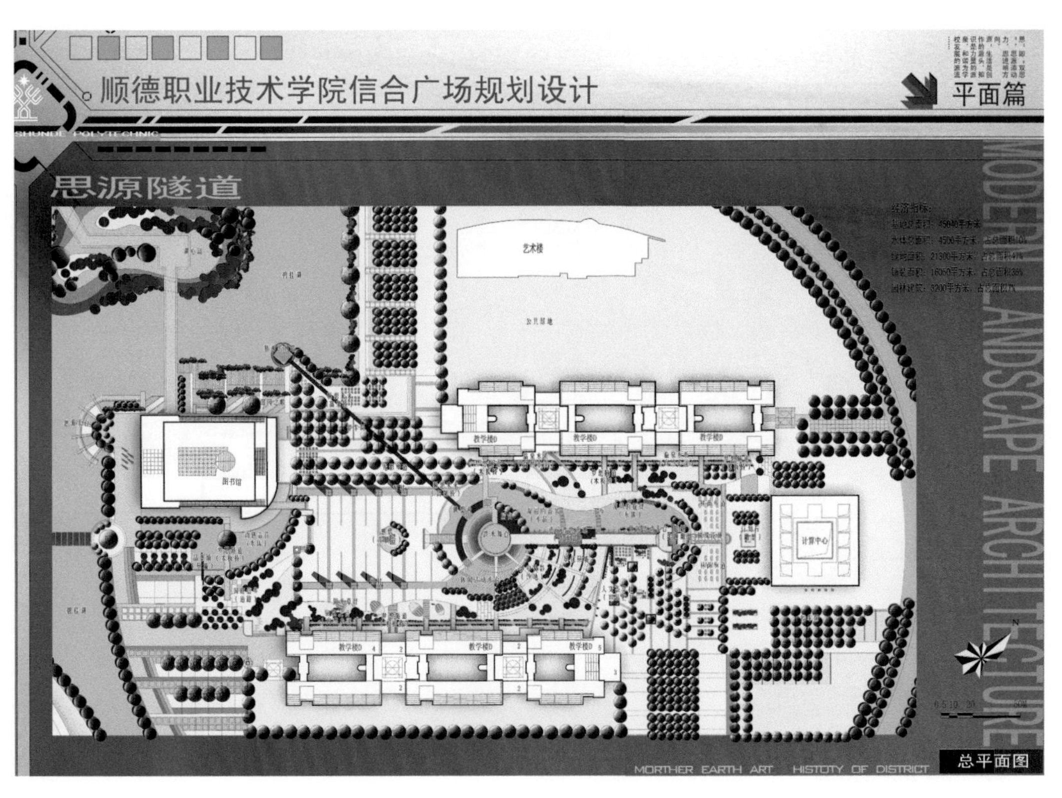
顺德职业技术学院信合广场规划设计
平面篇
SHUNDE POLYTECHNIC
思源隧道
艺术楼
图书馆
计算中心
MODERN LANDSCAPE ARCHITECTURE
MORTHER EARTH ART HISTOTY OF DISTRICT
总平面图

顺德职业技术学院信合广场规划设计
平面篇
SHUNDE POLYTECHNIC
思源隧道
MODERN LANDSCAPE ARCHITECTURE
平台示意图
读书亭示意图
半封闭休息间示意图
阳光草坪示意图
图书馆前庭水景示意图
林荫道示意图
教学楼前条状绿化示意图
林荫广场示意图（一）
林荫广场示意图（二）
教学楼前自然小溪示意图
MORTHER EARTH ART
HISTOTY OF DISTRICT
设计意向图

顺德职业技术学院信合广场规划设计
平面篇
SHUNDE POLYTECHNIC
1-1剖面图
教学楼D
MORTHER EARTH ART
HISTOTY OF DISTRICT
平面节点分析图

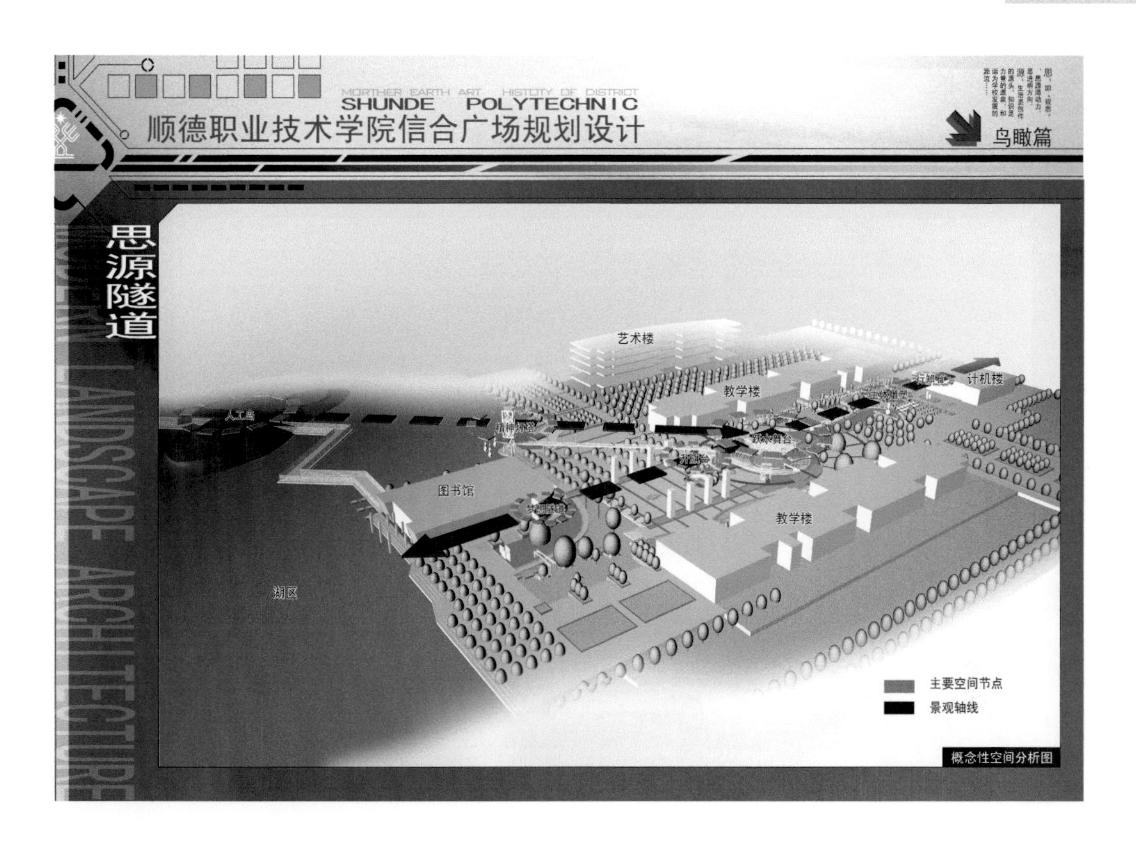
MORTHER EARTH ART HISTOTY OF DISTRICT
SHUNDE POLYTECHNIC
顺德职业技术学院信合广场规划设计
鸟瞰篇
思源隧道
MODERN LANDSCAPE ARCHITECTURE
艺术楼
教学楼
计机楼
图书馆
教学楼
湖区
主要空间节点
景观轴线
概念性空间分析图

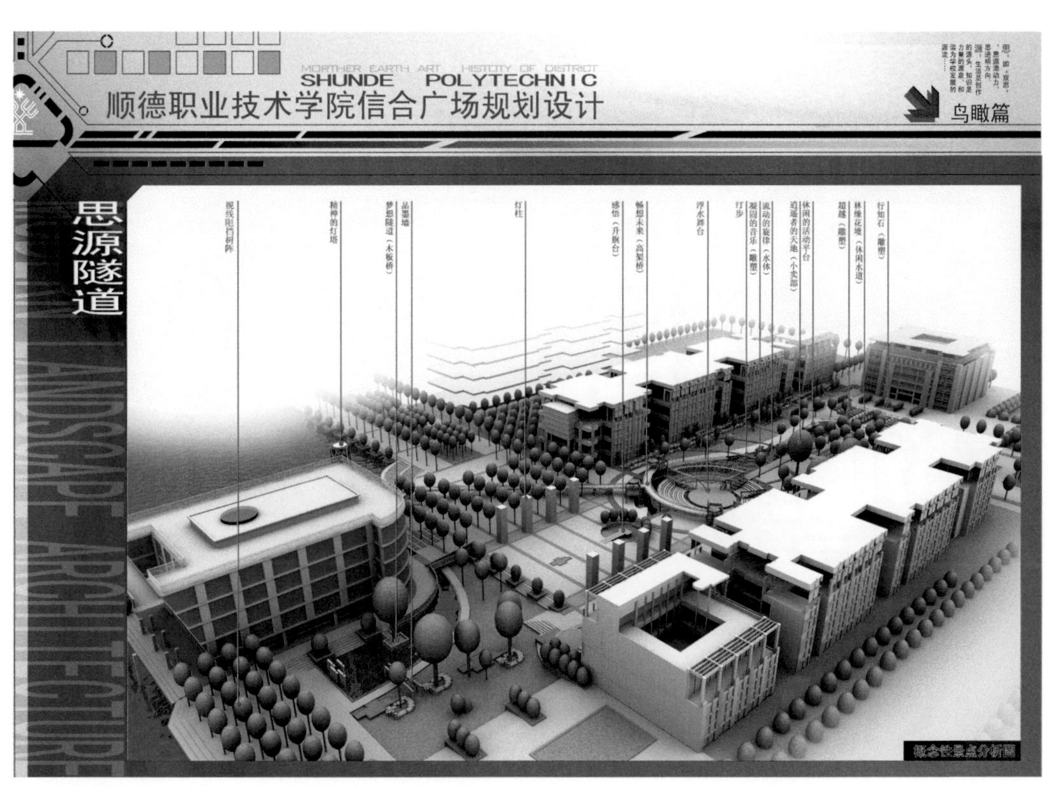
MORTHER EARTH ART HISTOTY OF DISTRICT
SHUNDE POLYTECHNIC
顺德职业技术学院信合广场规划设计
鸟瞰篇
思源隧道
MODERN LANDSCAPE ARCHITECTURE
视线阻挡树阵
精神的灯塔
梦想隧道（木板桥）
品墨墙
灯柱
感悟（升旗台）
畅想未来（高架桥）
浮水舞台
汀步
凝固的音乐（雕塑）
流动的旋律（水体）
逍遥者的天地（小卖部）
休闲的活动平台
超越（雕塑）
林缘花境（休闲水道）
行知石（雕塑）
概念性景点分析图

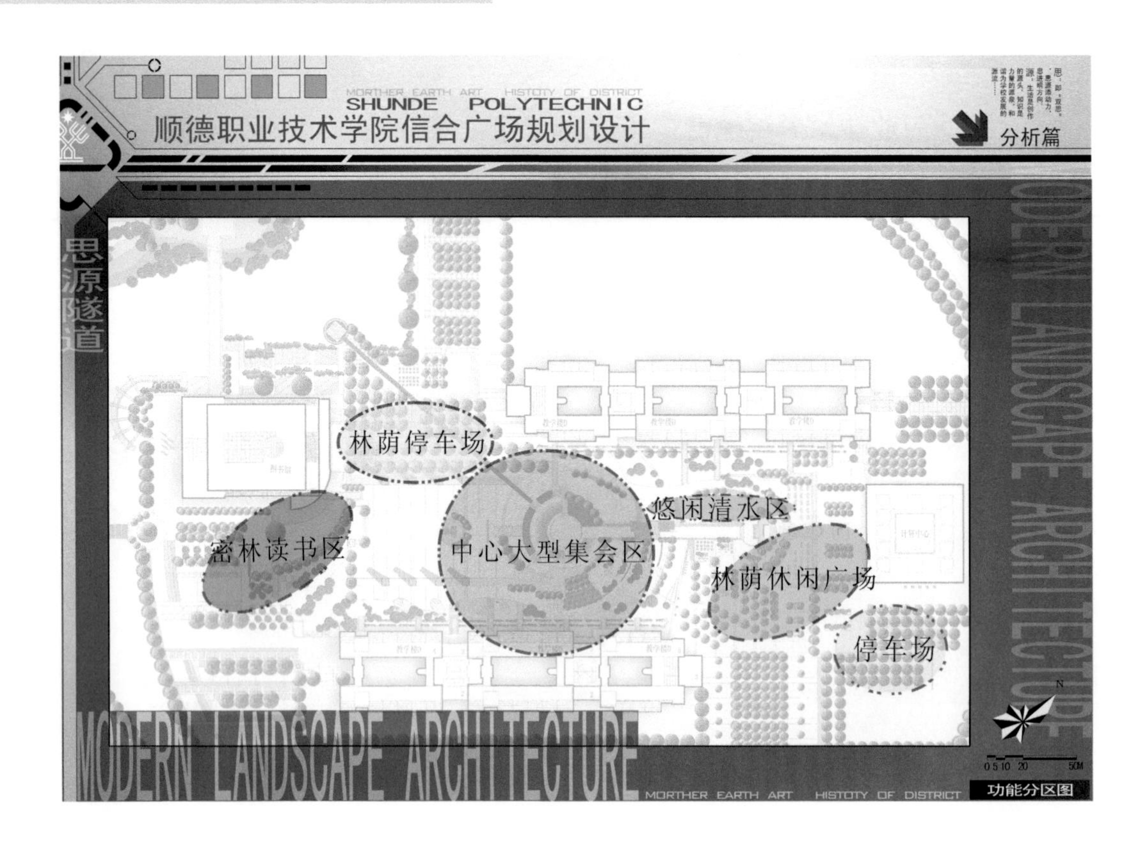
SHUNDE POLYTECHNIC
顺德职业技术学院信合广场规划设计
分析篇
思源隧道
林荫停车场
密林读书区
中心大型集会区
悠闲清水区
林荫休闲广场
停车场
MODERN LANDSCAPE ARCHITECTURE
功能分区图

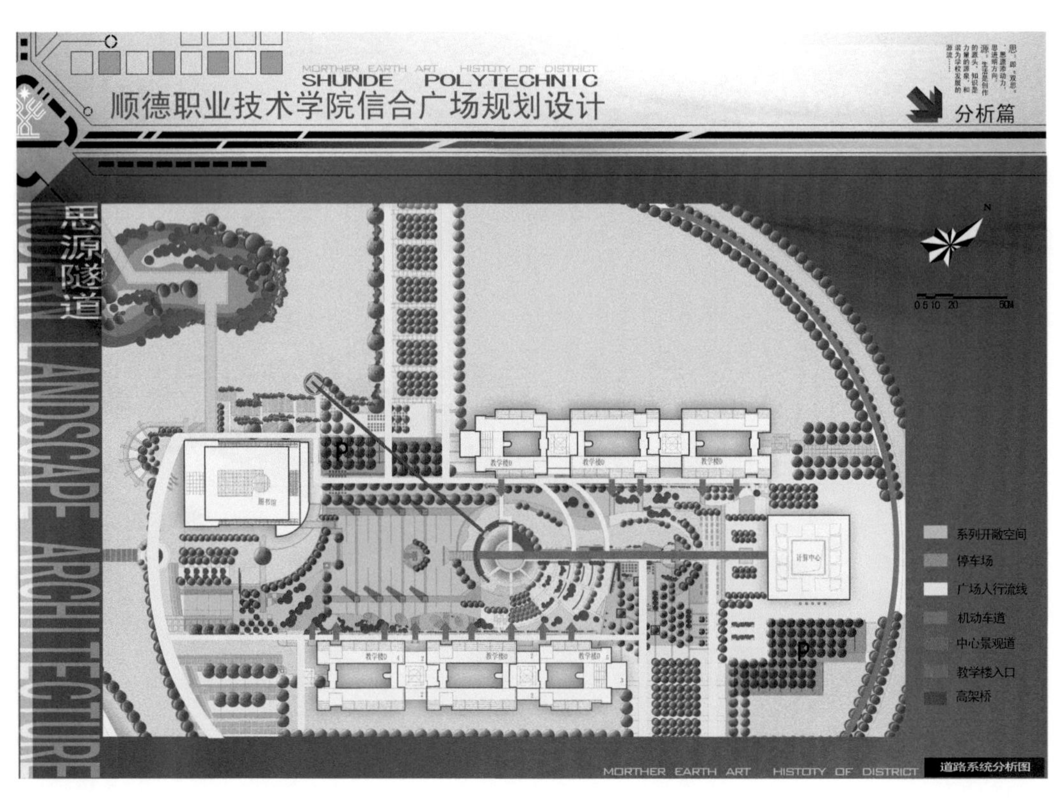
SHUNDE POLYTECHNIC
顺德职业技术学院信合广场规划设计
分析篇
思源隧道
系列开敞空间
停车场
广场人行流线
机动车道
中心景观道
教学楼入口
高架桥
MODERN LANDSCAPE ARCHITECTURE
道路系统分析图

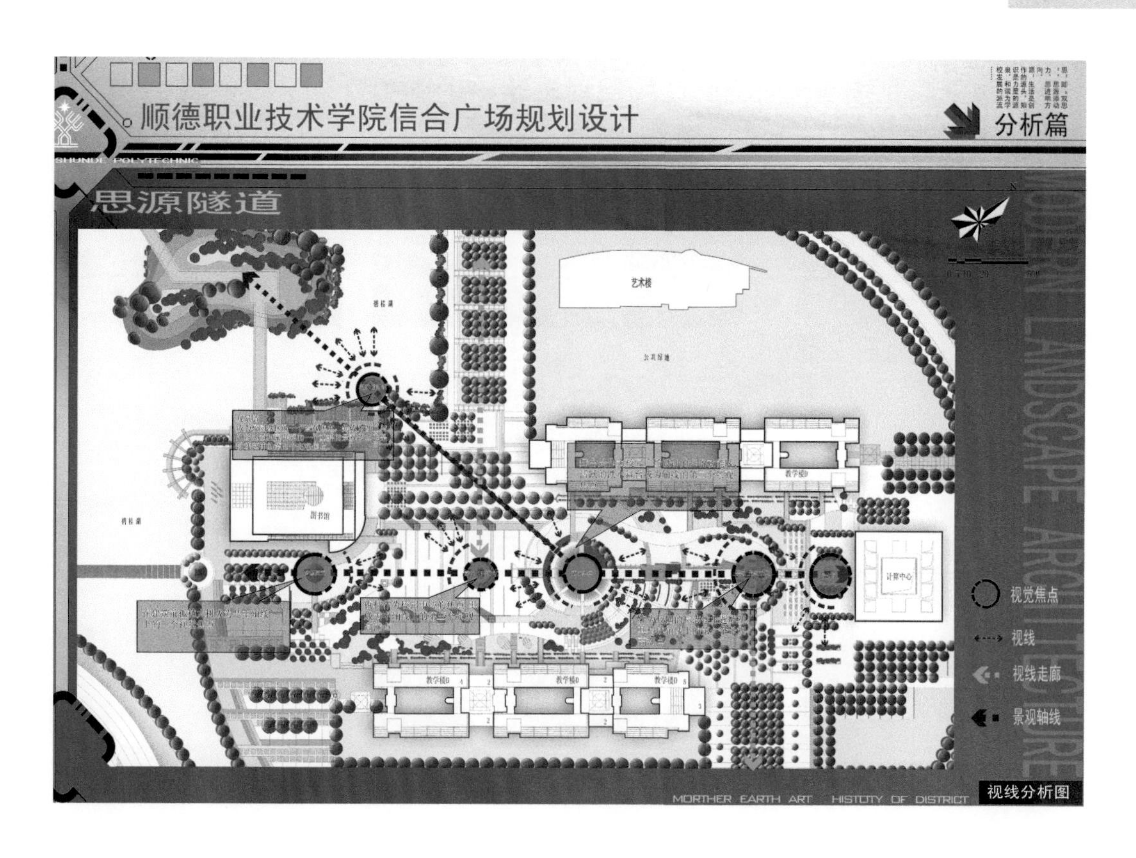
顺德职业技术学院信合广场规划设计
分析篇
思源隧道
艺术楼
图书馆
教学楼
计算中心
视觉焦点
视线
视线走廊
景观轴线
MORTHER EARTH ART HISTOTY OF DISTRICT
视线分析图

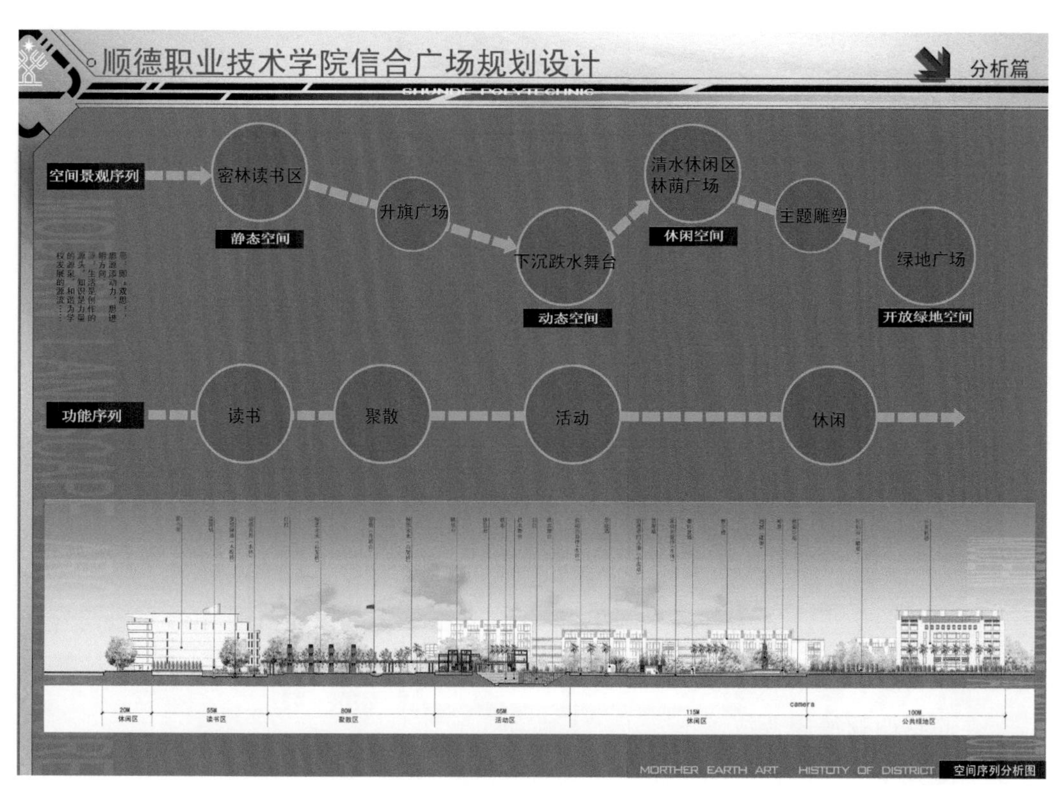
顺德职业技术学院信合广场规划设计
分析篇
SHUNDE POLYTECHNIC
空间景观序列
密林读书区
升旗广场
下沉跌水舞台
清水休闲区
林荫广场
主题雕塑
绿地广场
静态空间
动态空间
休闲空间
开放绿地空间
功能序列
读书
聚散
活动
休闲
MORTHER EARTH ART HISTOTY OF DISTRICT
空间序列分析图

顺德职业技术学院信合广场规划设计
SHUNDE POLYTECHNIC
分析篇
思源隧道
银杏
木棉
小叶榄仁
大王椰子
紫荆花
田园之歌主要是用乡土植物保持植物的多样性。如：小叶榕、水蒲桃、红果树、金叶过路黄、长春花、杜鹃花、含笑、棕竹等。
停车场主要以常绿乔木及耐荫常绿开花灌木为主，营造出浓郁的带状景观。如：香樟、广玉兰、小叶榄仁、松树、红花继木等。
此区域既靠近教学楼又是以休闲为主，栽植主要以罗汉松、塔松、小叶榕、福建茶、黄金假连翘、彩叶草、九里香为主。
动态空间是个人流量较多的空间，主要以落叶大乔木和常绿阔叶树种为背景树，选择花色鲜艳的植物作为主要景观树种，同时通过不同组团的植物搭配的不同，塑造不同的季节景观。以枫香、银杏、大王椰子、加拿利海藻、腊肠树、紫薇、棕榈、圆柏、侧柏、七彩铁、杜鹃、桂花、黄金假连翘、含笑、雪茄花、彩叶草、小蚌兰、红背桂等为主。
密林读书区主要种植香樟、荫香、露兜树、榔树、罗汉松、圆柏、蒲葵、老人葵、朱蕉、假花生、报春花、美人蕉等。
林荫广场考虑了人们的休憩需要和视觉享受，在广场中栽植了高大的木棉、白玉兰和香樟、棕榈、紫薇、洋紫荆、腊肠树、美女樱、剑兰、春羽、龟背竹等花灌木，以耐践踏的高羊茅和狗牙根为地被，做到了色、香、形的较好结合及乔、灌、草的合理搭配。
竹子
水蒲桃
蒲葵
大花紫薇
MORTHER EARTH ART HISTOTY OF DISTRICT
植物配置图

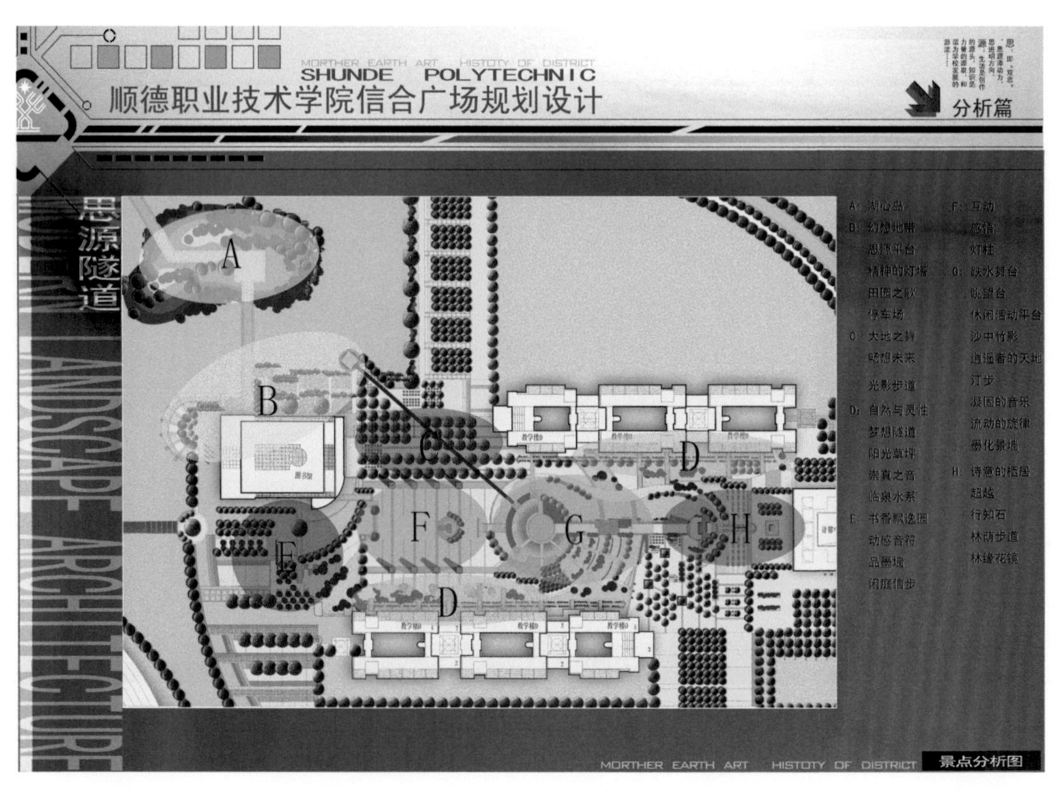

MORTHER EARTH ART HISTOTY OF DISTRICT
SHUNDE POLYTECHNIC
顺德职业技术学院信合广场规划设计
分析篇
思源隧道
A
B
C
D
E
F
G
H
A：湖心岛
B：幻想地带
思源平台
精神的灯塔
田园之歌
停车场
C：大地之舞
畅想未来
光影步道
D：自然与灵性
梦想隧道
阳光草坪
崇真之音
临泉水系
E：书香飘逸园
动感音符
品墨墙
闲庭信步
F：互动
感悟
灯柱
G：跌水舞台
眺望台
休闲活动平台
沙中竹影
逍遥者的天地
汀步
凝固的音乐
流动的旋律
绿化景墙
H：诗意的栖居
超越
行知石
林荫步道
林缘花镜
MORTHER EARTH ART HISTOTY OF DISTRICT
景点分析图

顺德职业技术学院信合广场规划设计
SHUNDE POLYTECHNIC
平面篇
思源隧道
流动的旋律（水体）
休闲平台
休息廊
景观墙
逍遥者的天地（小卖部）
超越主体雕塑）
跌水
柔化景墙
跌水舞台
流动的旋律（水体）
18M
9M
17M
9M
3M
1-1剖面图
65M
活动区
115M
休闲区
2-2剖面图
平面构成分析：
本设计中心活动区引用了同心圆的平面构图，其圆心是注意力的焦点，本设计应用此构图方式，于广场中心的下沉跌水舞台为视觉焦点，其构成特点或空间或空间构成上有非常重要的存在价值以此来突显整个设计的构成。除此以外，其还能为观赏周围景观提供全景式视线
MORTHER EARTH ART HISTOTY OF DISTRICT
节点分析图

顺德职业技术学院信合广场规划设计
小品篇
思源隧道
SHUNDE POLYTECHNIC
校园空间给师生提供户外学习、休息、思考、沉思、交流、集会等，适用不同利用群的活动场所。设计从使用者的角度去“体验设计”到功能方便，形式上适宜。尽可能设置多种类型的休息场所，多样性桌椅，满足不同的利用群。
MORTHER EARTH ART HISTOTY OF DISTRICT
MODERN LANDSCAPE ARCHITECTURE
多样式休息空间分析图

MORTHER EARTH ART HISTOTY OF DISTRICT
SHUNDE POLYTECHNIC
顺德职业技术学院信合广场规划设计
鸟瞰篇
思源隧道
MODERN LANDSCAPE ARCHITECTURE

MORTHER EARTH ART HISTOTY OF DISTRICT
SHUNDE POLYTECHNIC
顺德职业技术学院信合广场规划设计
鸟瞰篇
思源隧道
MODERN LANDSCAPE ARCHITECTURE

鸟瞰夜色效果图

SHUNDE POLYTECHNIC
顺德职业技术学院信合广场规划设计
鸟瞰篇
思源隧道
MODERN LANDSCAPE ARCHITECTURE
图书馆滨水环境效果图

顺德职业技术学院信合广场规划设计
景点篇
思源隧道
1
2
3
MORTHER EARTH ART HISTCITY OF DISTRICT
景点分布图

顺德职业技术学院信合广场规划设计
景点篇
思源隧道
1
2
3
MORTHER EARTH ART HISTOTY OF DISTRICT
景点分布图

顺德职业技术学院信合广场规划设计 SHUNDE POLYTECHNIC
思源隧道
景点篇
MODERN LANDSCAPE ARCHITECTURE
MORTHER EARTH ART HISTOTY OF DISTRICT
开阔活动区效果图

林荫广场效果图

沙池竹影效果图

中轴景观道效果图

休闲清水区效果图

●多元聚合——大学生夏令营营地景观规划设计

设计者：2006届钟其正、张志森、何国钧、何志亮

指导教师：周彝馨

（该作品2006年获“第二届全国高校景观设计毕业作品展”优秀奖）

多元·聚合
大学生夏令营营地景观规划设计
2006
2
顺德职业技术学院城市园林设计专业毕业设计
聚自然之精华 激学子之灵感
设计主题：
多元与聚合是当代景观设计的核心思想。本大学生夏令营景观规划设计巧妙地运用多种元素和设计手法，在满足多种使用要求的原则上，保持整个营地与自然环境的融合共生，引导人与自然的和谐相处。设计注重对生态环境的利用与保护，设计手法因地制宜，具有强烈的空间感和视觉观赏效果。
SHUNDE POLYTECHNIC

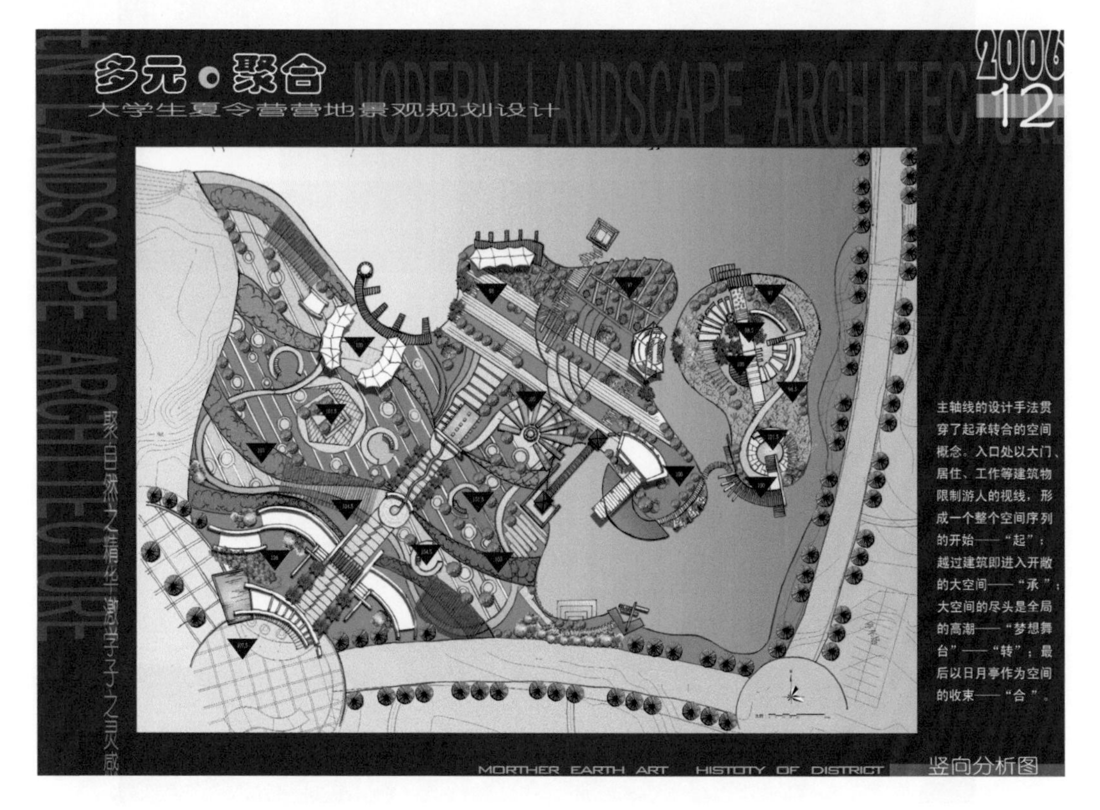
多元·聚合
大学生夏令营营地景观规划设计
MODERN LANDSCAPE ARCHITECTURE
2006
12
聚自然之精华 激学子之灵感
主轴线的设计手法贯穿了起承转合的空间概念。入口处以大门、居住、工作等建筑物限制游人的视线，形成一个整个空间序列的开始——“起”；越过建筑即进入开敞的大空间——“承”；大空间的尽头是全局的高潮——“梦想舞台”——“转”；最后以日月亭作为空间的收束——“合”。
MORTHER EARTH ART HISTOTY OF DISTRICT
竖向分析图

多元·聚合
大学生夏令营营地景观规划设计
MODERN LANDSCAPE ARCHITECTURE
2006
6
经济指标
规划总面积：32134.5平方米
水体总面积：12853 平方米
绿地面积：9635.5 平方米
硬铺地面积：6653 平方米
建筑占地面积：4326 平方米
MORTHER EARTH ART HISTOTY OF DISTRICT
总平面图

多元·聚合
大学生夏令营营地景观规划设计
MODERN LANDSCAPE ARCHITECTURE
2006
7
MORTHER EARTH ART HISTOTY OF DISTRICT
轴线和空间分析图

多元 · 聚合
大学生夏令营营地景观规划设计
MODERN LANDSCAPE ARCHITECTURE
2006
19
聚自然之精华 激学子之灵感
MORTHER EARTH ART HISTOTY OF DISTRICT 景点小透视图（1）

多元 · 聚合
大学生夏令营营地景观规划设计
MODERN LANDSCAPE ARCHITECTURE
2006
20
聚自然之精华 激学子之灵感
MORTHER EARTH ART HISTOTY OF DISTRICT 景点小透视图（2）

●迁寻——遗失的记忆

设计者：2014届陈朝阳

指导老师：郑燕宁、江芳

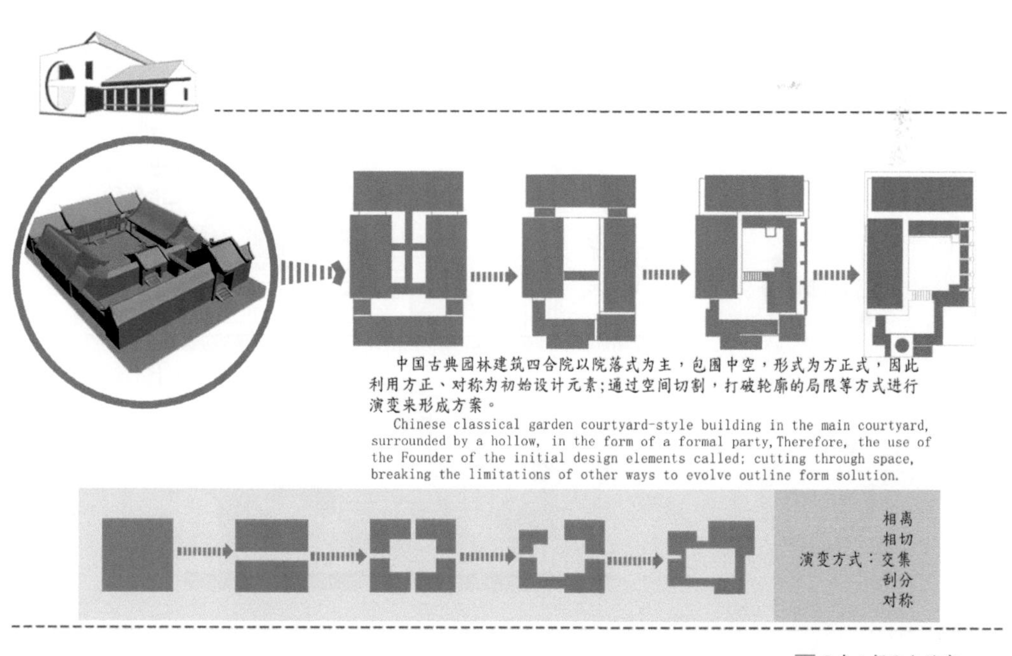

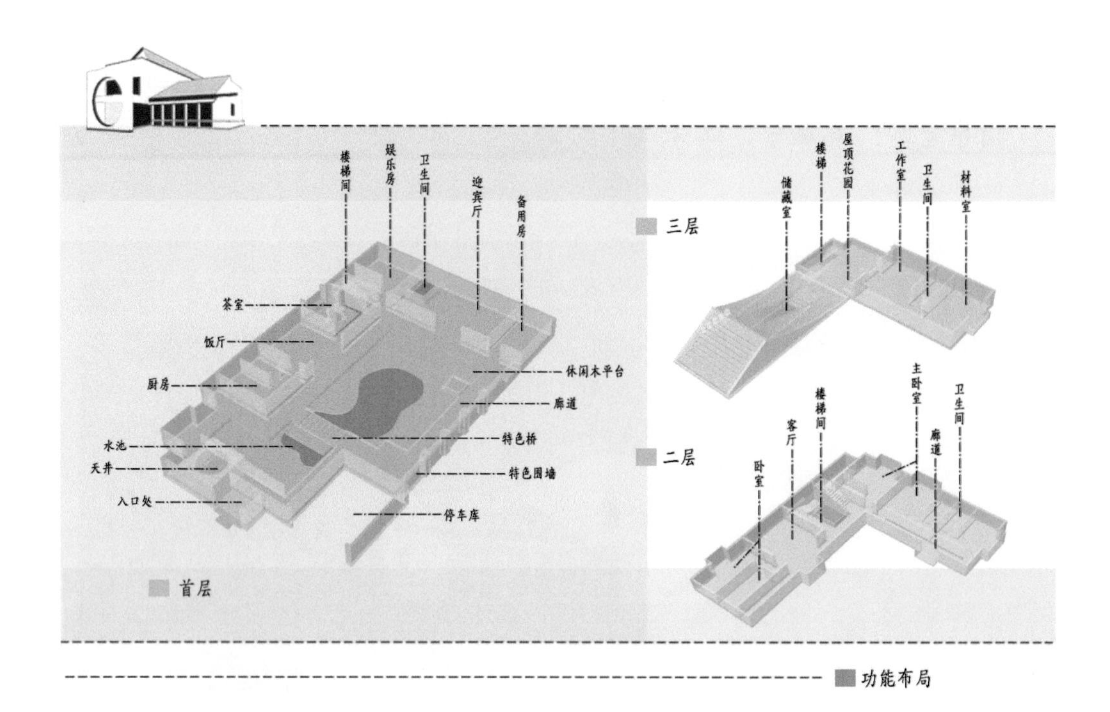
楼梯间
娱乐房
卫生间
迎宾厅
备用房
茶室
饭厅
厨房
水池
天井
入口处
休闲木平台
廊道
特色桥
特色围墙
停车库
首层
三层
储藏室
楼梯
屋顶花园
工作室
卫生间
材料室
二层
卧室
客厅
楼梯间
主卧室
廊道
卫生间

功能布局

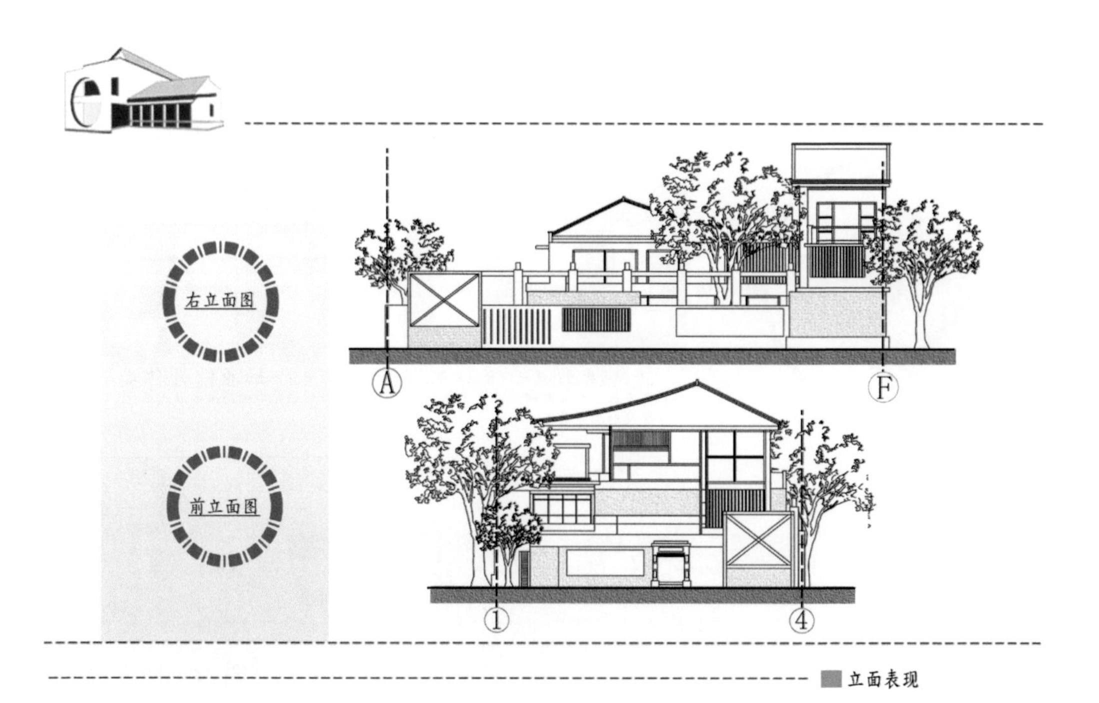
右立面图
A
F
前立面图
1
4

立面表现

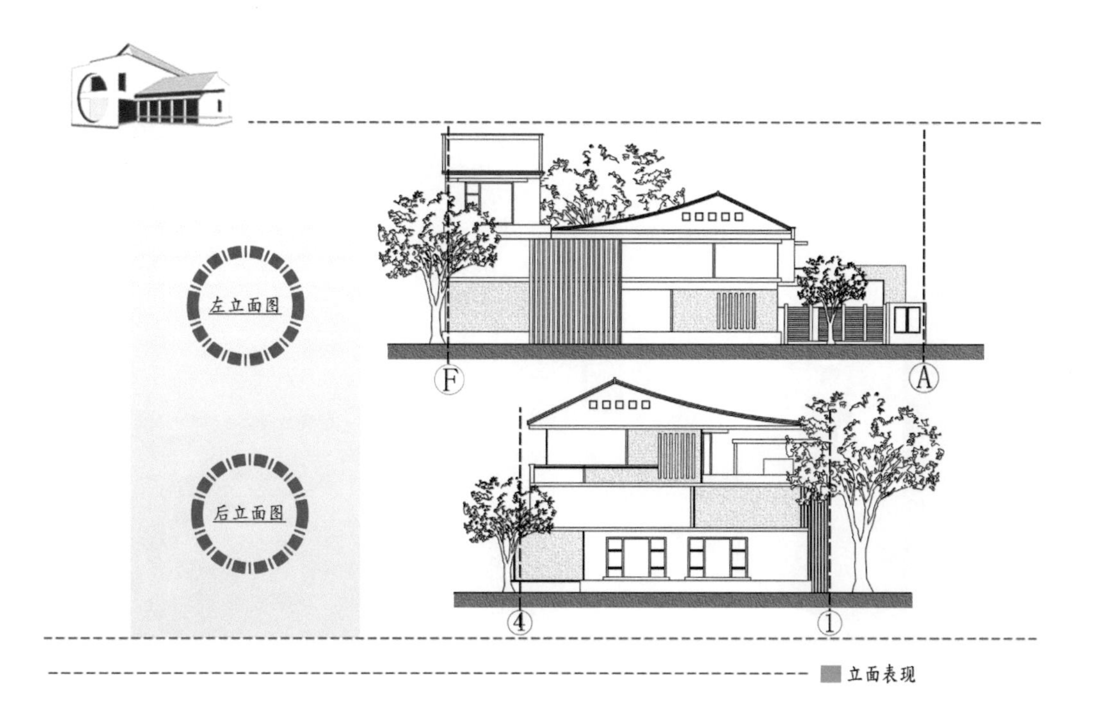

立面表现

Landscape Design

效果图

效果图

Landscape Design

效果图

Landscape Design

效果图

Landscape Design

效果图

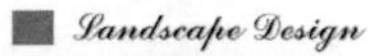

效果图

●香云纱文化公园——伦教香云纱绿地公园景观规划设计

设计者：2015届翁培镟、陈先勇、高慧

指导老师：江芳、郑燕宁

（该作品是校企合作的横向科研项目，获得2015年
顺德职业技术学院优秀毕业设计）

本设计主要以顺德地域文化“香云纱”为设计主题，以尊重自然的发展规律和地方文化的延续，从而，加以创新和传承来展示当地的特色，规划设计主要分为几大层次：首先保护原有的地形形态，其次是设计空间突出其景观价值，再次，是通过触动人的感官（既视觉、听觉、触觉、嗅觉）。使其成为追求人性化的空间活动场所，进一步增加了感性的自由环境，以公园入口到生态农田为主轴线将其分为四大功能区，分别为文化体验区、安静休憩区、娱乐健康区和生态农田区，因此，可以贯穿到整个方案之中，让公园文化更加深入人心。

场地背景

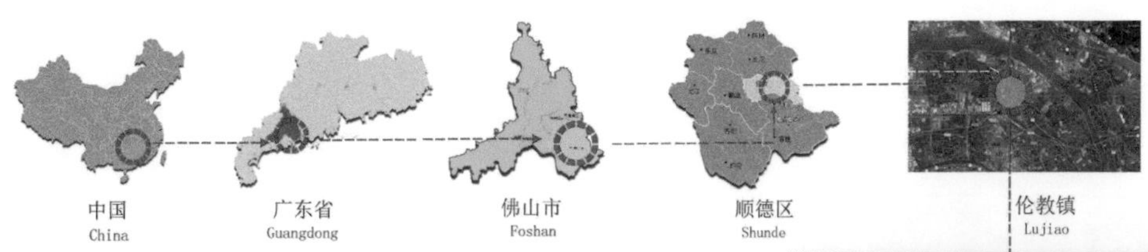

顺德轻轨站位于大良碧桂路以东、龙洲路以南，横跨三洲水道，是顺德境内唯一跨水道建设的站点，号称“超级大站”，处于顺德5站的中心位置，最接近顺德中心城区大良与容桂，也是广珠轻轨的交通枢纽站。

从地图上看，顺德站位于五站点的中心位置，具体可辐射大良、伦教以及新城区 3 个区域，为顺德区内的中心站点位置。

作为交通枢纽，顺德站的选址恰到好处：广珠西线、太澳高速均经过此地，顺德与番禺通联的公路也在此处交会，以三洲路口为中心的四个方向道路状况极佳，无论是去往大良，还是东到番禺、广州或者到龙江、乐从等顺德腹地经济发达镇街，都有畅通的道路选择。

场地理解

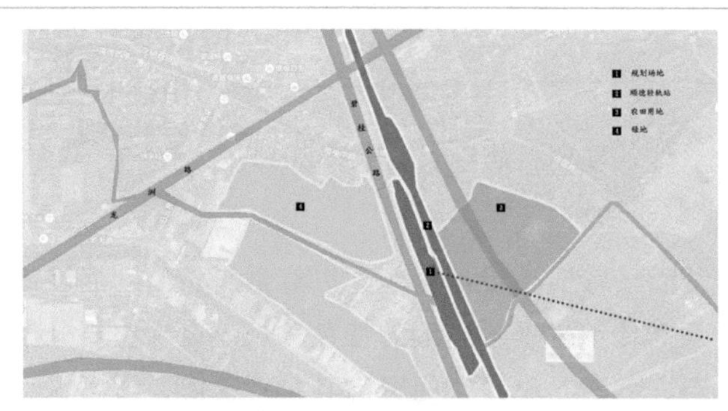

(1)轻轨高架桥原有停车位，正门口处有一公交车和出租车站点
(2)周围建筑量少，建筑均陈旧
(3)场地附近原有耕种面积大，以及有各段小路通往小村
(4)外围有两大公路，交通便捷发达

有利条件：
（1）设计范围有水，可直接做成水景观和灌溉、游玩
（2）外围交通大道，可设为多条消防通道，消防工具也要有适宜尺寸
不利条件：
（1）附近村庄小，陈旧的建筑
（2）靠近公路，地方偏僻
（3）地带狭长，处于高架桥和城市主干道路之间

设计灵感

设计语言

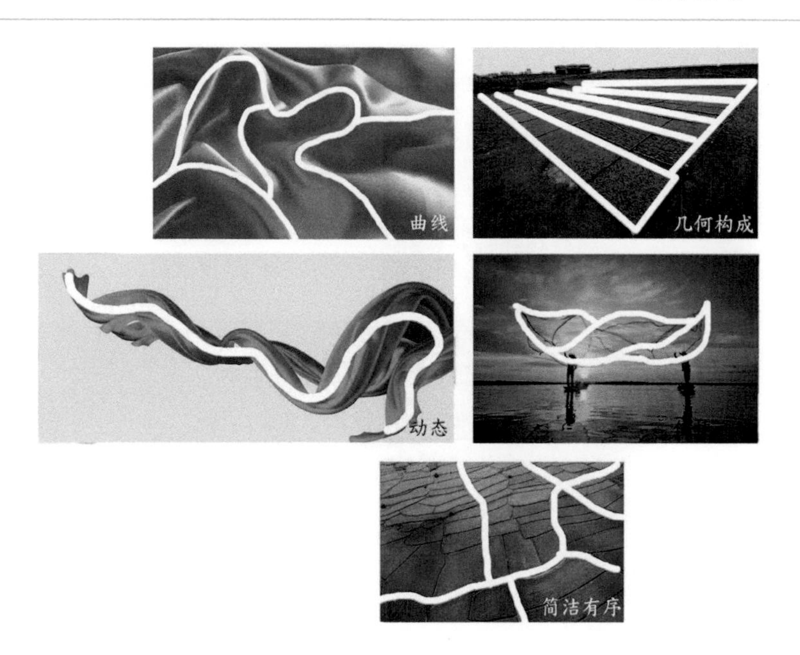

设计初稿

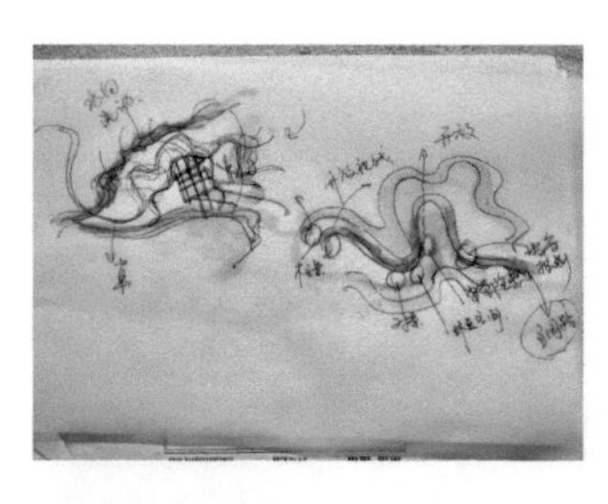

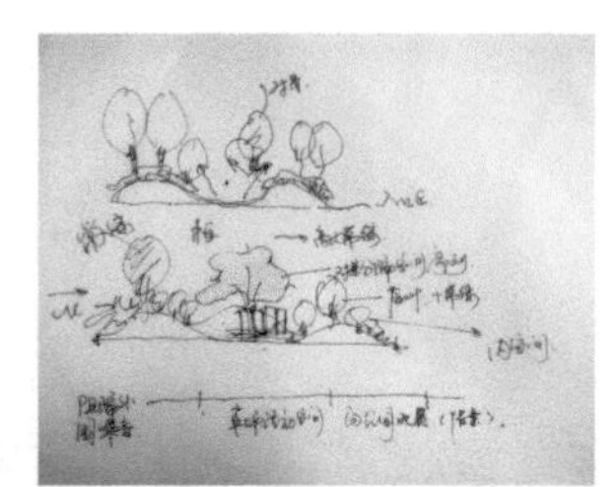

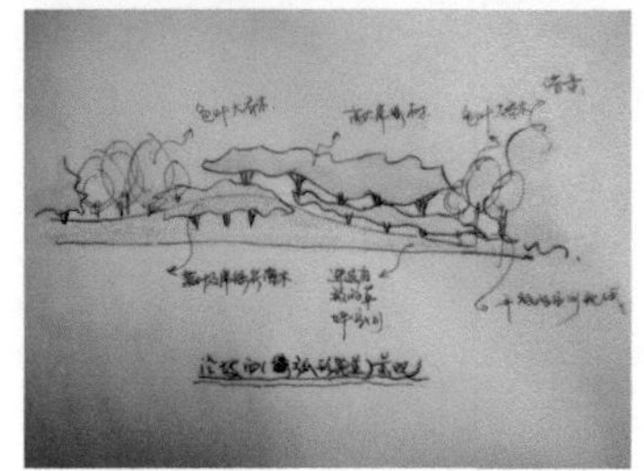

空间线索

空间（运动轨迹）在知觉场中与感官相互作用

主要是种植竹子，营造幽静的环境，人行走在其中主要是通过听觉来感受，通过风吹竹林的沙沙声，表现香云纱又名“响云纱”的寓意

这两处为开阔区域，保留农田，该区域主要是让人通过嗅觉来感知自然的味道

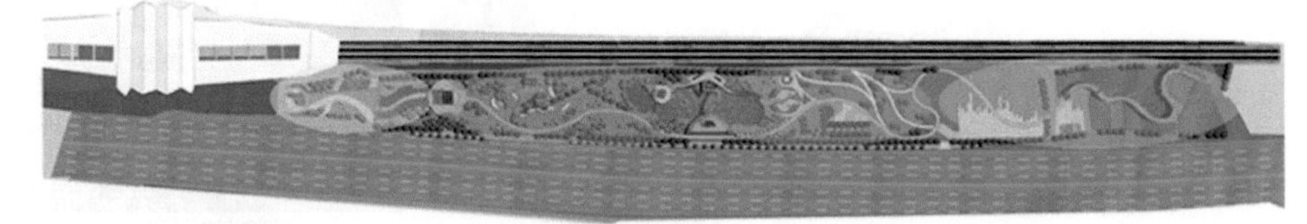

前面部分为文化区域，主要让人通过视觉了解香云纱的文化

该区为亲水和健身以及儿童游乐区，铺装也采用了香云纱的简单纹理进行装饰，让人通过接触体验来感知

总平面图

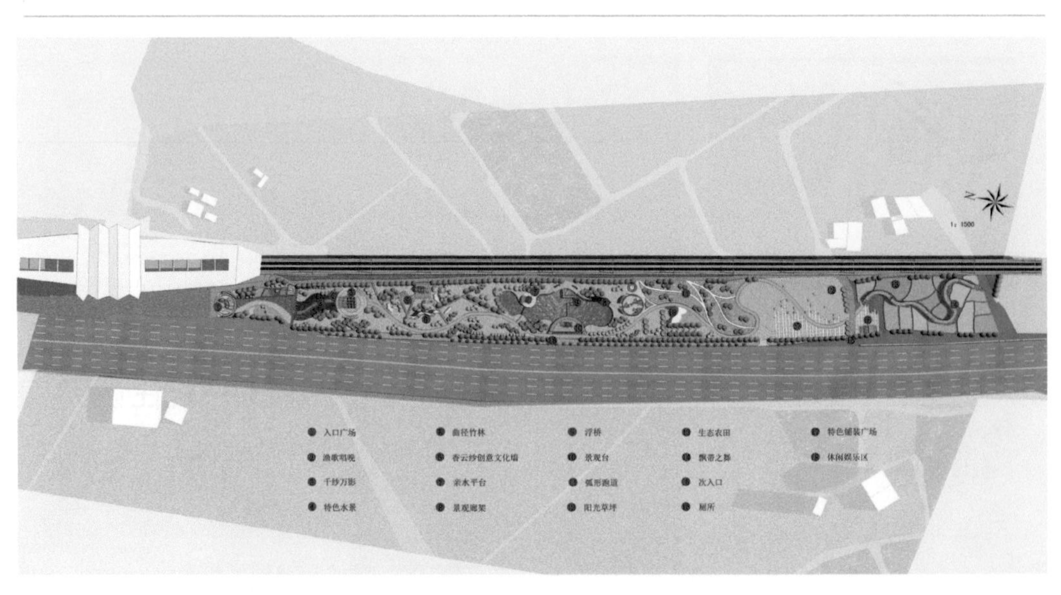

功能分区图

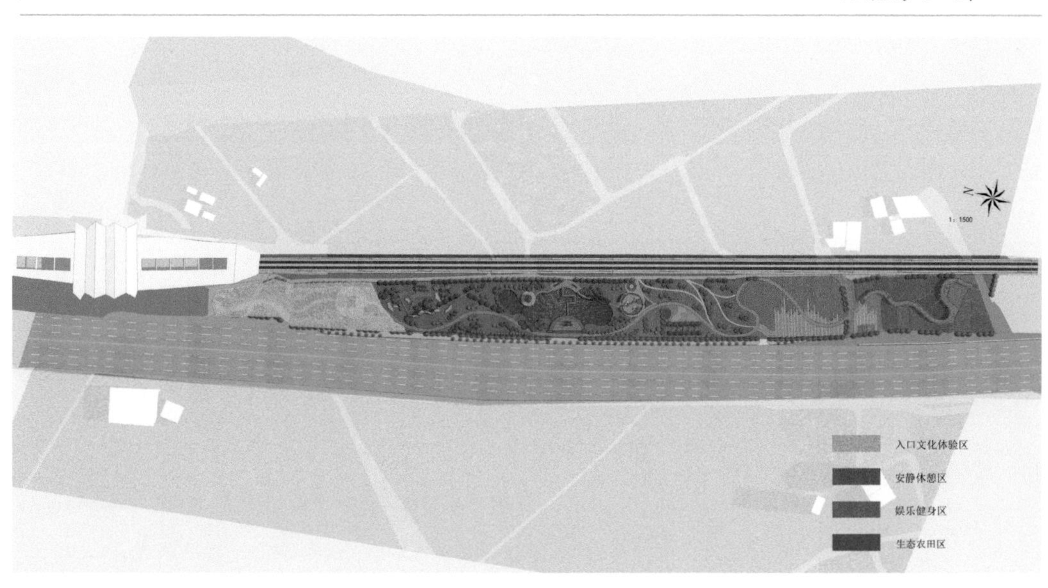

朝向分析

道路分析

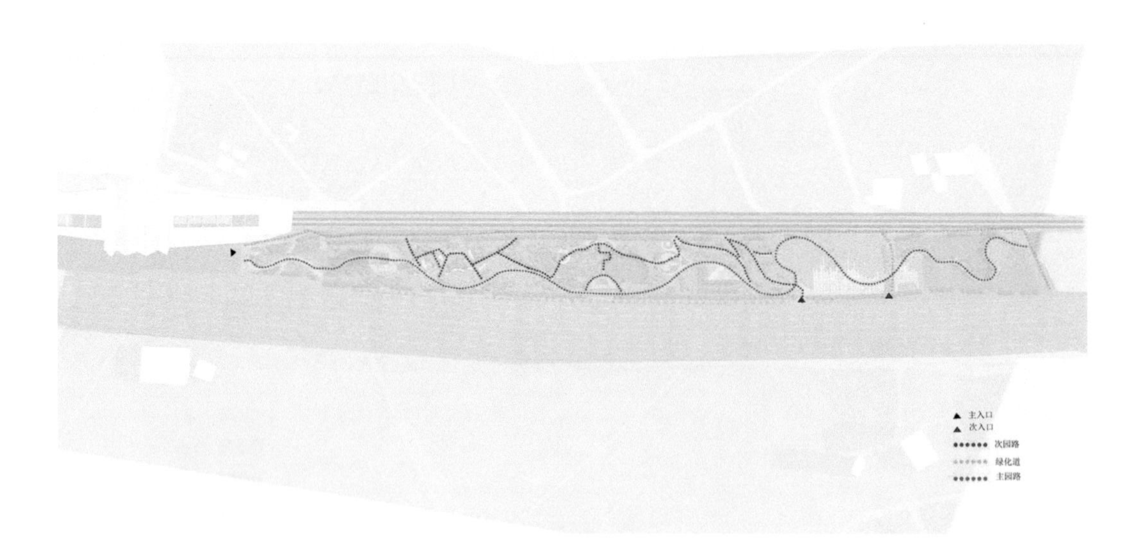

鸟瞰图

立面图

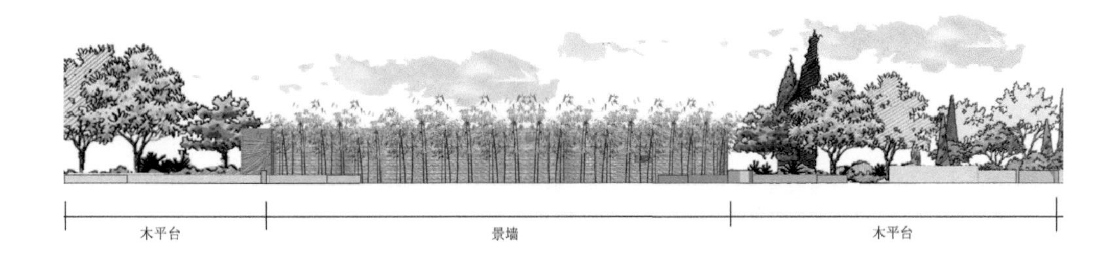
木平台
景墙
木平台

剖面图

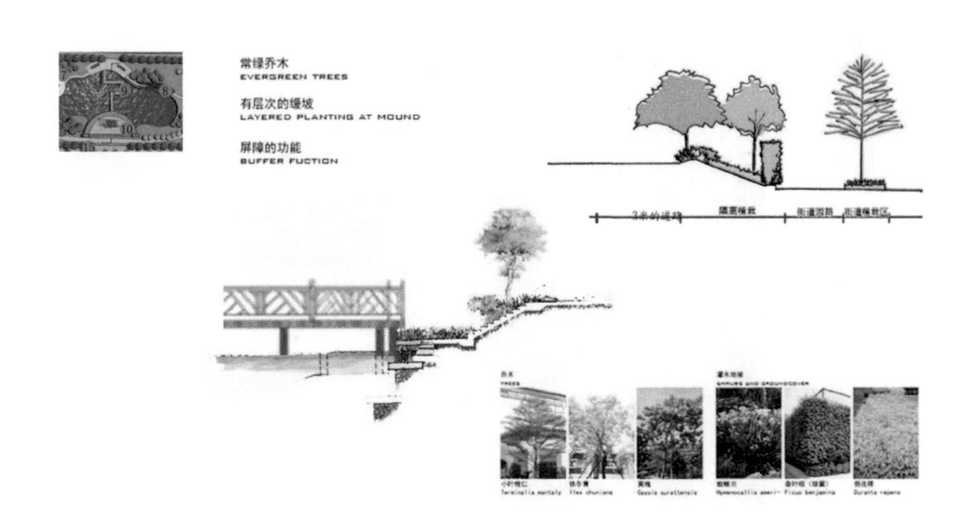
常绿乔木
EVERGREEN TREES
有层次的缓坡
LAYERED PLANTING AT MOUND
屏障的功能
BUFFER FUCTION

剖面图

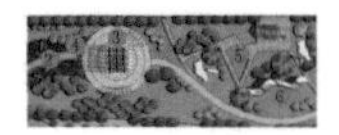

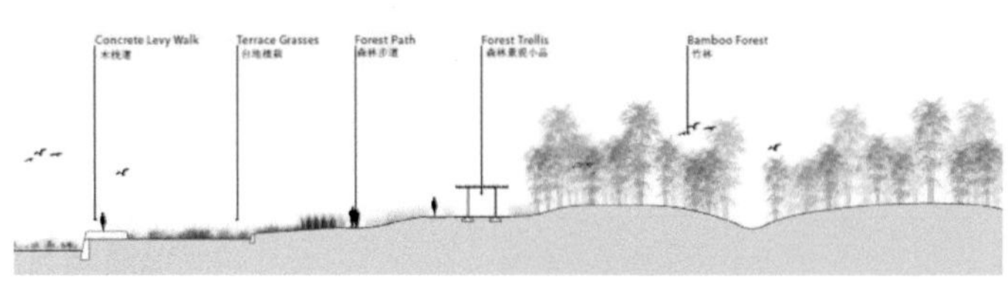
Concrete Levy Walk
Terrace Grasses
Forest Path
Forest Trellis
Bamboo Forest
竹林

景墙
千纱万缕
下沉式水景观

效果图

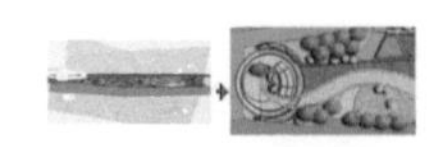

香云纱
文化公园

效果图

该区域由"渔歌唱晚"和"千纱万影"组成，讲述香云纱的产生由来。

效果图

效果图

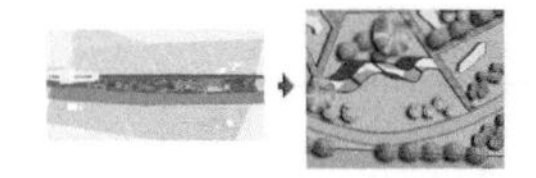

该区域利用景观中的“借声”，体现的是香云纱又名响云纱的寓意，设置文化景墙，景墙上描绘香云纱的发展，景墙外围种植竹林，使人行走其中能听到竹林的沙沙响声和水声。

效果图

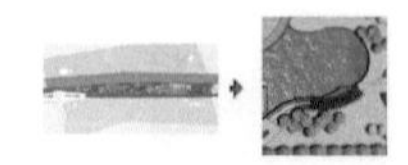

效果图

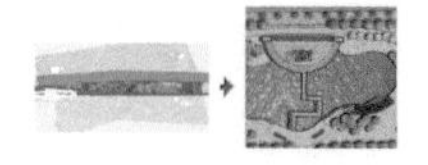

效果图

效果图

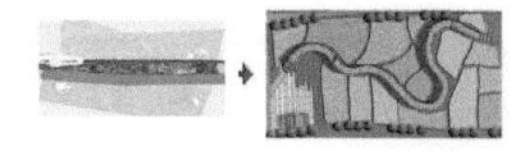

地块尾部为一条窄路，人流量、车辆较少，将整块规划为农田种植区，并在农田上做一条跨越整区的桥，使平面上衔接上一段，且人可以在桥上观赏农田风光，又不会对农田造成破坏。

植栽策略

文化展示区

直立高挺的乔木有序性排列以构筑空间，运用枝叶繁密的灌木地被以简洁的线性与层次的组合，强调场地整体的视觉感。

细叶榄仁

仁面子

九里香

假连翘

雪花木

细叶雪茄花

安静休憩区

运用本土特有的阔叶类等质感植被形成丰富的植栽环境，根据场地功能需要构筑开阔简洁的、亲切多层次的多样水岸空间。

莫氏榄仁

榕树

洒金榕

美人蕉

黄鸟蕉

蜘蛛兰

植栽策略

健身游乐区

四季的开花植被，雕塑般极具观赏价值的乔木，营造缤纷花园般的绿色空间。

美丽异木棉 鸡蛋花 琴叶珊瑚 朱槿 翠芦莉 三角梅

生态种植区

运用抗尘、可吸收有毒气体植物隔离耕种区与马路，创造独立的生态种植展示区。

夹竹桃 国槐 油菜花 羽衣甘蓝 水稻

标识设计

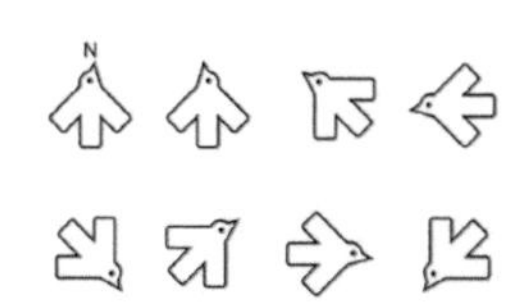

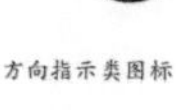

方向指示类图标

卫生间

卫生间

文化景墙

观景台

观景桥

安全警示类图标

座椅策略

模型

模型

●日升月落，流不走的繁华——广州某商业步行街景观设计

设计者：2016届莫世浩、梁旭东、朱强强、郭映霞、李静文、王韵诗
指导老师：郑燕宁、江芳

一、主题：日升月落，流不走的繁华

时光无言掠过草木枯荣，日升月落。繁华间，未央的记忆缠绕着翩跹的灯影，依旧鲜明。时光悄然流逝，却在不经意间留下岁月的痕迹。

日升月落，时光似水，昔日的繁华依旧。

二、设计理念

（1）商业街的理想气氛应该是使人觉得亲切、放松、平易近人、有人情味，使人有愉悦的消费心情，而不是单纯的行走空间，人们在其中流连的过程本身也是一种体验和休闲！

（2）弯曲的街道使步行变得更加有趣，且对于减少风力干扰方面是有益处的。

（3）解决商业街的历史人文记忆的缺乏。

（4）解决商业街的平直单调，感觉很长、很枯燥的问题。

步行街的设计要研究人的听觉、视觉、触觉、味觉及心理，首先，不同的人，甚至同一个人在不同年龄和时刻，对景观的评价是不同的。不同的使用者由于使用目的的不同而对景观也有着不同的要求。购物者可能会非常关注步行商业街道建筑立面、橱窗、广告店招等；休闲娱乐者主要关注的是游乐设施、休闲场所；旅游者可能更关注标志性景观、街道小品及特殊的艺术表演等。步行时，如果视觉环境和步行感受无变化会使人感到厌倦。而缺乏连续性的景观变化又会使人惊慌失措。在步行商业街设计时，要避免使用过长直线，过长的直线特别是在景观无变化处，易造成步行单调，步行者易疲乏。因此，景观设计时应考虑其适应性、多样性及复杂性。

本案整个场地为5个部分：入口广场、滨水观光区、中心休息区、开阔观赏区、购物街。

入口广场：主入口的特色水景相对丰富，水池上的花钵、雕塑喷泉、跌水充满美感，加上水池两边的灯柱让空间更加大气，考虑到广场需要通车，广场中央种上了海藻和灌木，让广场显得更加大气，中央水景与滨水观光区的中心水池相呼应。

滨水观光区：这里是人流相对集中的地方，周围有购物区和餐厅，休息区域也较多，空间相对开阔。考虑到周围的餐厅，在落地窗的周围做出高矮的方块，同时

种上竹子，可以对视线进行遮挡，同时丰富空间，增加美感。餐厅之间的水景墙让整个轴线有个转折，两边的植物相对较高，丰富空间层次的同时也可以对视线有一定的遮挡，让空间不会太单调。

中心休息区：考虑到这里的居民、周围的商住楼，空间相对休闲，为了将购物者跟居民分开，在植物配置上丰富了很多，左边为休息廊架，休息时可以在这里喝喝茶，右边为竹林休息区，高矮不等的灌木丛穿插上竹子让空间、色彩更加丰富，同时空间也相对私隐。

开阔观赏区：人对色彩有着很明显的心理反应：红、黄、绿、白能引起人们的注意力，提高视觉辨识能力，多用于标志、广告店招牌等，突出步行街的商业气氛。另外，绿色植物可缓解紧张情绪，花卉可带来愉快的感觉。这里的花卉用的比较多，颜色各异的花草相搭配，色彩不仅明快，可以对逛街带来的审美疲劳带来缓解。

购物街：特色树池将车道跟行人分开的同时也可以休息。考虑到次入口广场需要消防车道，所以做得比较简单。

铺装说明：场地的铺装主要以质朴的灰色系为主，主要起到衬托商业建筑和景观绿化的作用，在材料方面则运用了大部分生态的绿色环保材料、原色木材等。

三、设计原则

尺度近人：商业街设计的尺度把握应该以人为本。

空间的限定：人在商业街内的活动和感知空间是三维的。商业街空间的高度方向的限定应遵循以行人为模数的原则，并考虑二次空间的应用。

风格色彩的多元化：即便是同样设计的不同单元，也通过材质、颜色的变化，加强外观差异化。商业街的魅力就在于繁杂多样立面形态的共生。

重视非建筑元素：若想使商业街更“友善”，就需要从景观、园林的角度深化商业街的设计。

（一）植物种植设计说明

植物是园林景观的重要组成部分。植物配置则是园林景观创作的重要组成部分。

首先园林植物配置就要遵循植物生长的自身规律及对环境条件的要求，因地制宜、合理科学配置，使各类植物喜阳耐阴，喜湿耐旱，各重其所。乔木、灌木、地被、攀援、岩生、水生，以及常绿、落叶、草本等植物共生共存。

（二）种植原则

1. 重视植物多样性

自然界植物千奇百态，丰富多彩，本身具有很好的观赏价值。

2. 布局合理，疏朗有致，单群结合

自然界植物并不都是群生的，也有孤生的。园林植物配置就有孤植、列植、片植、群植、混植多种方式。这样不仅欣赏孤植树的风姿，也可欣赏到群植树的华美。

3. 注意不同园林植物形态和色彩的合理搭配

园林植物的配置应根据地形地貌配植不同形态色彩的植物，而且相互之间不能造成视角上的抵触，也不能与其他园林建筑及园林小品在视角上相抵触。

4. 注意园林植物自身的文化性与周围环境相融合

园林植物配置在遵循生态学原理为基础的同时，还应结合遵循美学原理。但应先生态，后美学。

四、项目背景

该项目位于广东省广州市萝岗区科学城片区，白云山生态保护区边缘，东接黄埔，北邻白云，南望珠江，西靠广州新城市中心珠江新城，地处广州知识密集区，规划面积约50 000平方米，建筑面积15 550平方米，绿化面积3 000平方米，架空层28 660平方米，容积率2.43。它是广州市东部发展战略的中心区域，广州市发展高新技术产业的示范基地。

（一）项目用地优劣

1. 优势

（1）地理位置优势。位于未来重点发展区域科学城，未来配套设施齐全，发展前景看好，具有巨大的发展和升值潜力。

（2）生态环境优势。地块临水源，周边有植物公园，自然景观和生态环境一流。

2. 劣势

（1）周边人口、社会环境劣势。地块周边以农村居民区为主，目前居民为少量当地农民和大量的外来人口，居民成分复杂，人口素质相对较低。

（2）配套设施恶劣。地块周边生活配套、公共变通等基础设施尚未完善，生活气息暂未形成。区域未来若干年处在发展中，无法达到成熟区域的整体要求，投资回报周期很长。

（二）机会

可以预见项目周边在近期内，只有较少可以与之竞争的同质楼盘；加上周边逐渐增多的厂房及科研机构，使项目可以吸引一部分投资客户。

地块临江而且临近地铁和植物公园等，配套十分完善，交通便利，可以满足各种投资和居住的需求欲望。

现在房地产市场冷淡，科学城可以给楼盘带来新冲击力。

■ 鸟瞰图

■ 入口广场效果图

■ 入口广场效果图

日升月落，流不走的繁华

—广州市萝岗区大壮国际商业中心

■ 中心水景效果图

■ 中心水景剖面图

■ 庭院效果图一

■ 林荫休闲广场效果图

■ 庭院效果图二

■ 庭院一剖面图

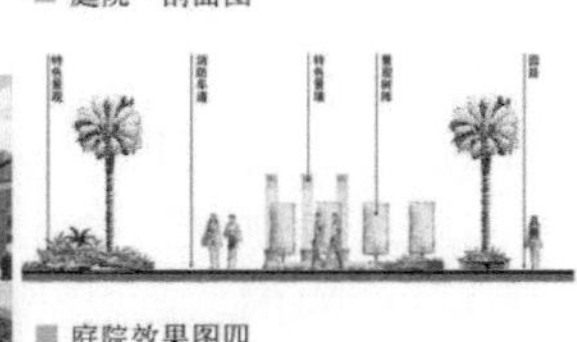

■ 庭院效果图四

■ 庭院效果图三

■ 林荫休闲广场剖面图

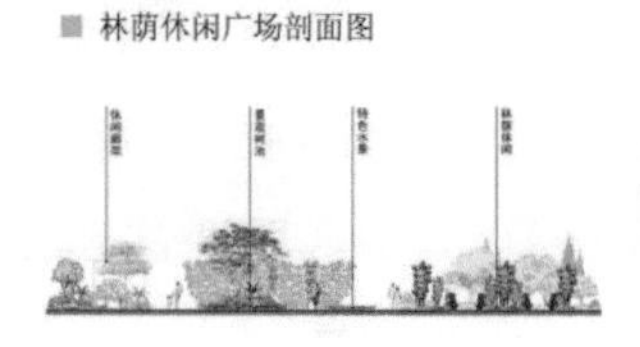

■ 次入口效果图

作品名称：日升月落，流不走的繁华　组员：梁旭东 莫世浩 朱强强 郭映霞 李静文 王韵诗

专业：园林景观设计　指导老师：郑燕宁 江芳　顺德职业技术学院

■ 区位分析

该项目位于广东省广州市萝岗区科学城片区，白云山生态保护区边缘，东接黄埔，北邻白云，南望珠江，西靠广州新城市中心珠江新城，地处广州知识密集区，规划面积约50000平方米，建筑面积15550m平方米，绿化面积3000平方米，架空层28660平方米，容积率2.43。它是广州市东部发展战略的中心区域，广州市发展高新技术产业的示范基地。

■ 周边环境

周边地势低平，植物易生长，人们居住密集地方，利于商业中心发展；
周边林地分布较为密集，一条河流贯穿商业中心；
此商业中心位于交通枢纽，交通较为发达。

■ 商家调查

商家经商，希望有经营灵活同时有序的市场，还需要软环境成熟的市场或有发展潜力的新兴市场等。

■ 消费调查

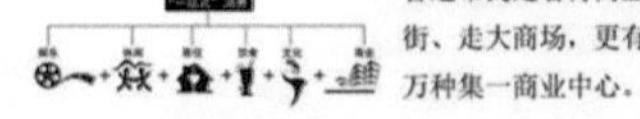

普通市民是看待商业街区更生活化些，逛步行街、走大商场，更有大量休闲平台，可谓风情万种集一商业中心。

日升月落，流不走的繁华

——广州市萝岗区大壮国际商业中心

■ 设计理念

1. 商业街理想气氛应该是使人觉得亲切、放松、平易近人。有人情味，使人有愉悦的消费心情，而不是单纯的行走空间，人们在其中流连的过程本身也是一种体验和休闲！

2. 弯曲的街道使步行变得更加有趣，且对于减少风力干扰方面是有益处的。

3. 解决商业街的历史人文记忆的缺乏。

4. 解决商业街的平直单调，感觉很长，很枯燥的问题。

■ 功能分区

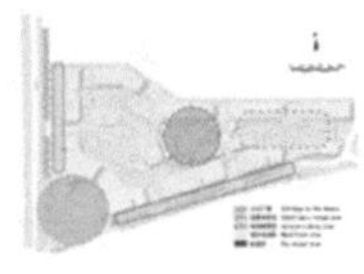

主题说明：

时光无言，掠过草木枯荣，日升月落。繁华间，未央的记忆缠绕着翩跹的灯影，依旧鲜明。时光悄然流逝，却在不经意间留下岁月的痕迹。

日升月落，时光似水，昔日的繁华依旧。

■ 视线分析图

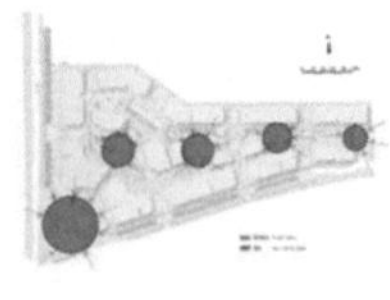

■ 总平面图

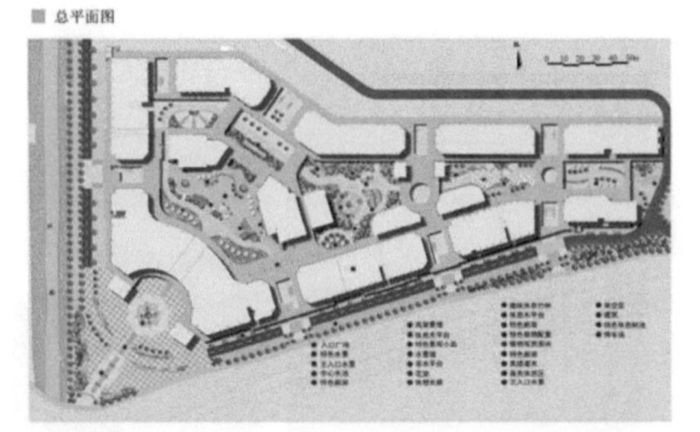

■ 架空层分析图

■ 景观轴线分析图

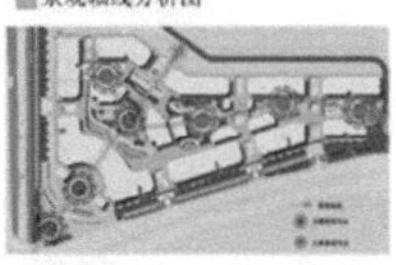

■ 道路分析图

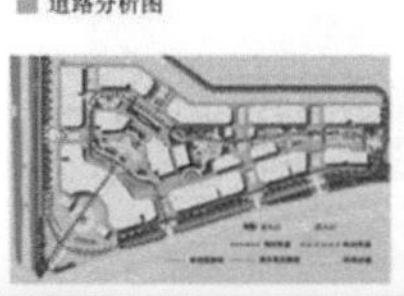

■ 植物布置分析图

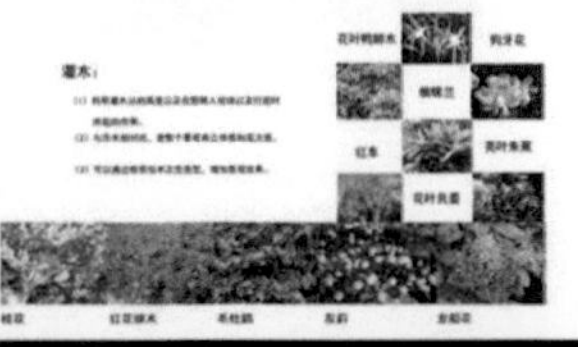

作品名称：日升月落，流不走的繁华　组员：梁旭东 莫世浩 朱强强 郭映霞 李静文 王韵诗
专业：园林景观设计　指导老师：郑燕宁 江芳
顺德职业技术学院

●深圳燕川村陈公祠规划设计

设计者：2007届周国源、伦燕红、周洁、李艳芬、陈生靖

指导教师：郑燕宁、江芳

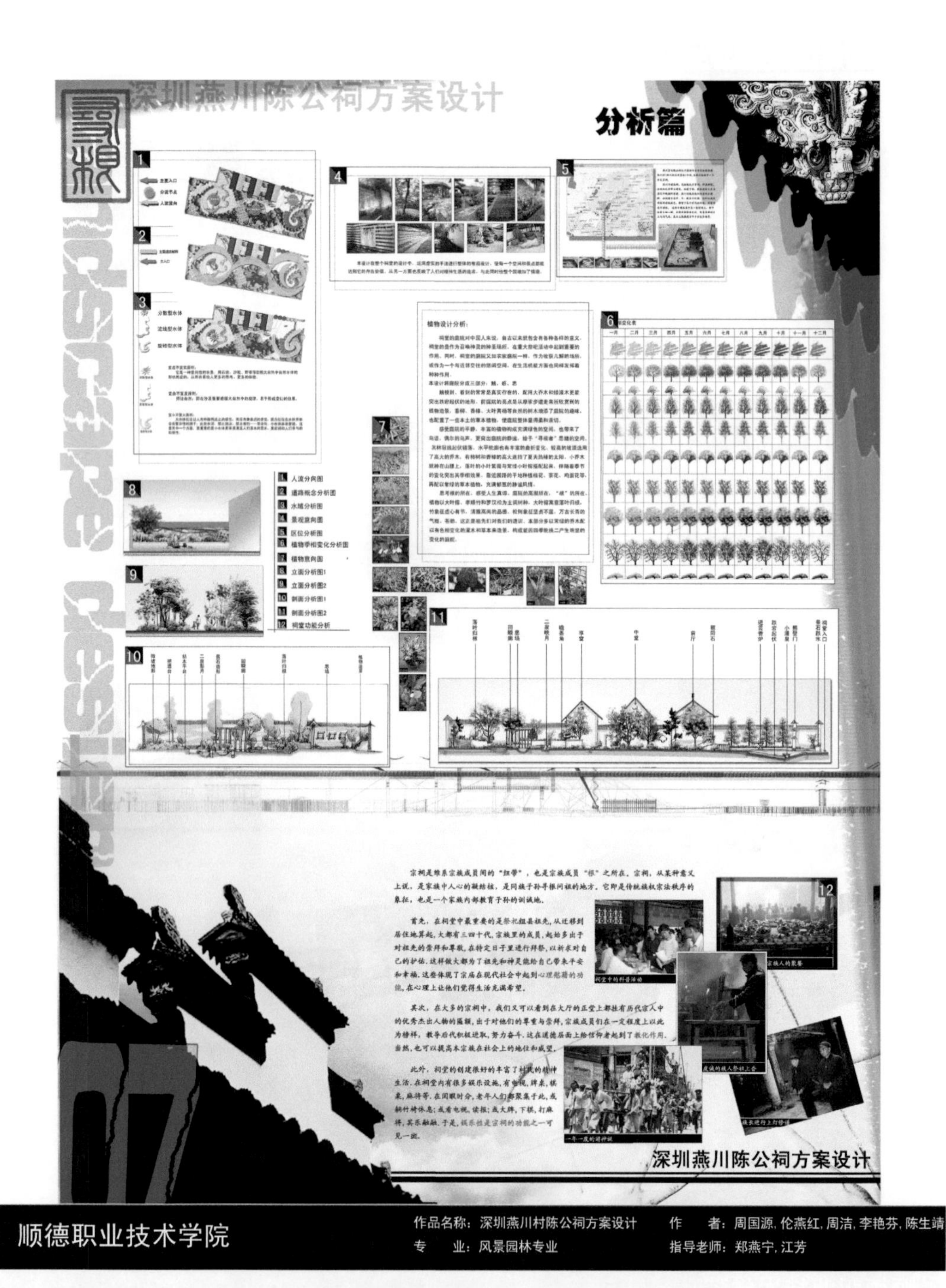

顺德职业技术学院

作品名称：深圳燕川村陈公祠方案设计　作　者：周国源，伦燕红，周洁，李艳芬，陈生晴
专　业：风景园林专业　指导老师：郑燕宁，江芳

顺德职业技术学院

作品名称：深圳燕川村陈公祠方案设计　作　者：周国源，伦燕红，周洁，李艳芬，陈生靖

专　业：风景园林专业　指导老师：郑燕宁，江芳

●从顺德职业技术学院滨江公园景观设计看校园文化创造——文化与历史的延续、理想与行动的根源

设计者：2006届专业柯南护、冯璧堙、张志烽、陈锐玲
指导教师：江芳、郑燕宁、廖荣盛、叶春涛

（该作品获得第二届全国高校景观设计作品展优秀奖，
2006年顺德职业技术学院优秀毕业设计）

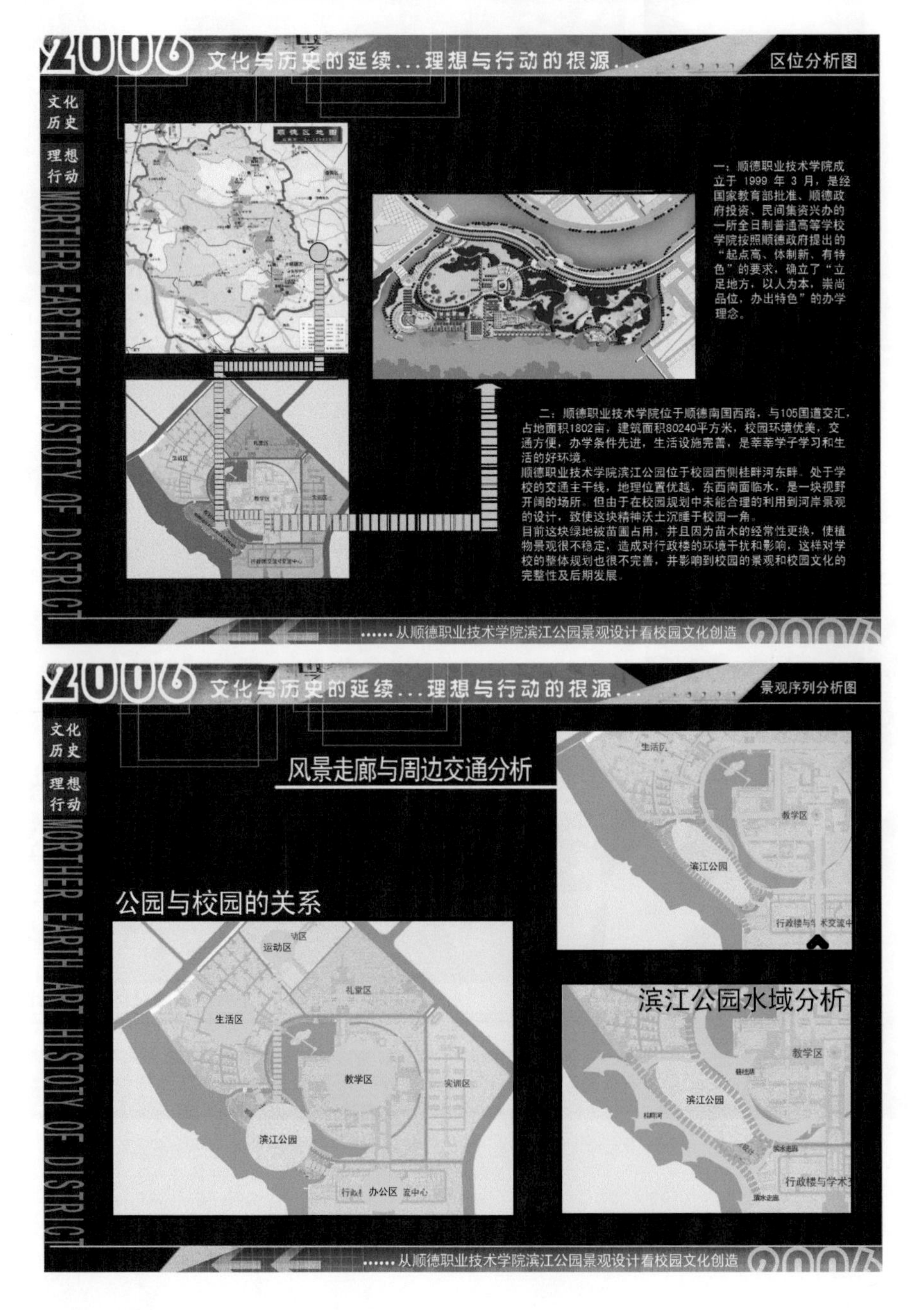

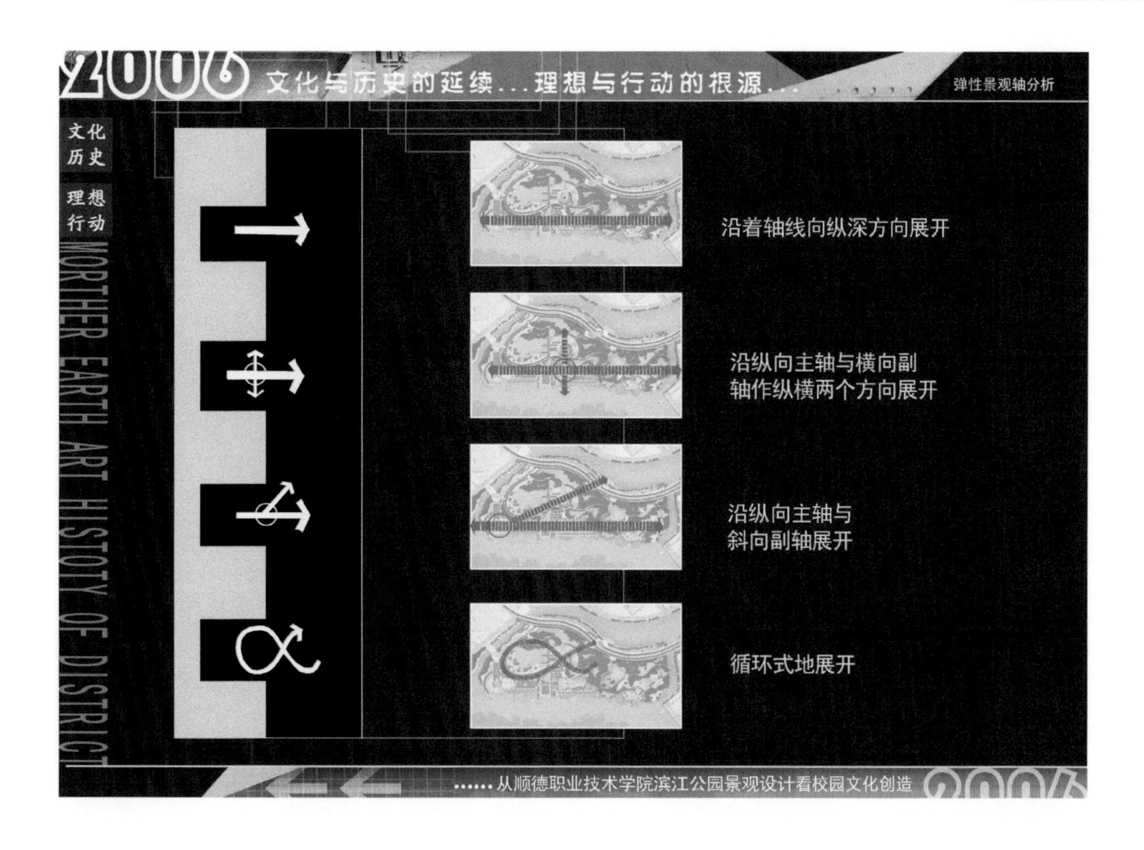
2006 文化与历史的延续...理想与行动的根源...
弹性景观轴分析
文化
历史
理想
行动
MORTHER EARTH ART HISTOTY OF DISTRICT
沿着轴线向纵深方向展开
沿纵向主轴与横向副
轴作纵横两个方向展开
沿纵向主轴与
斜向副轴展开
循环式地展开
……从顺德职业技术学院滨江公园景观设计看校园文化创造

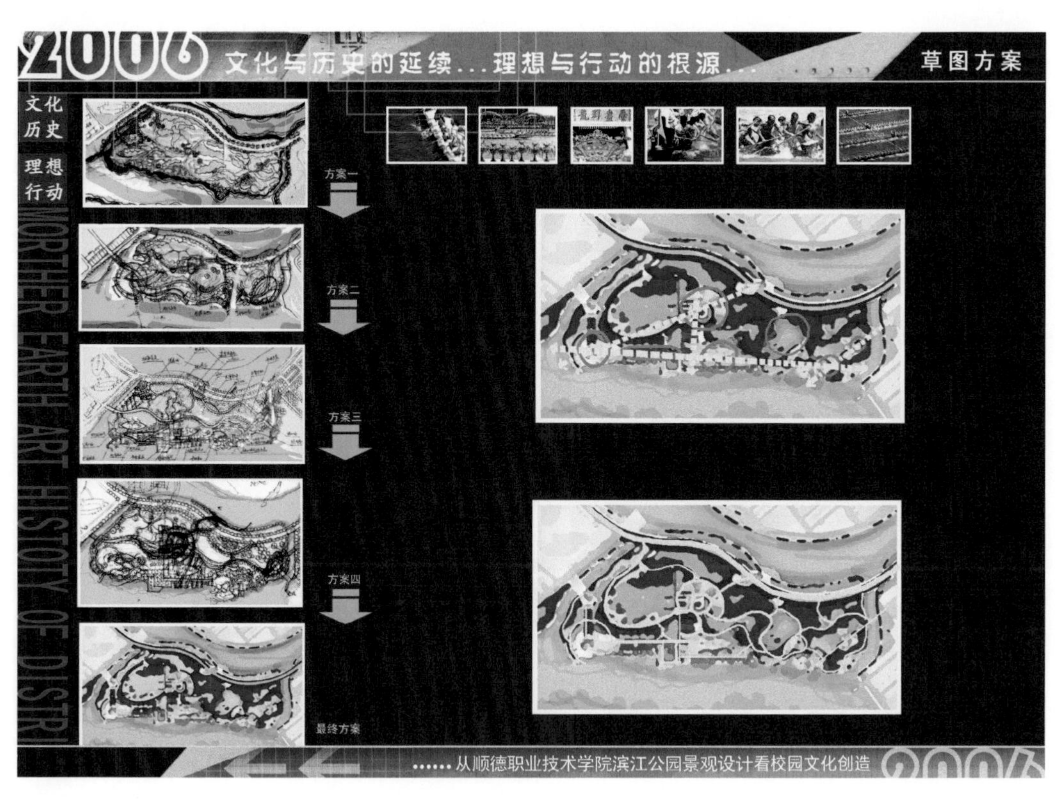
2006 文化与历史的延续...理想与行动的根源...
草图方案
文化
历史
理想
行动
MORTHER EARTH ART HISTOTY OF DISTRI
方案一
方案二
方案三
方案四
最终方案
……从顺德职业技术学院滨江公园景观设计看校园文化创造

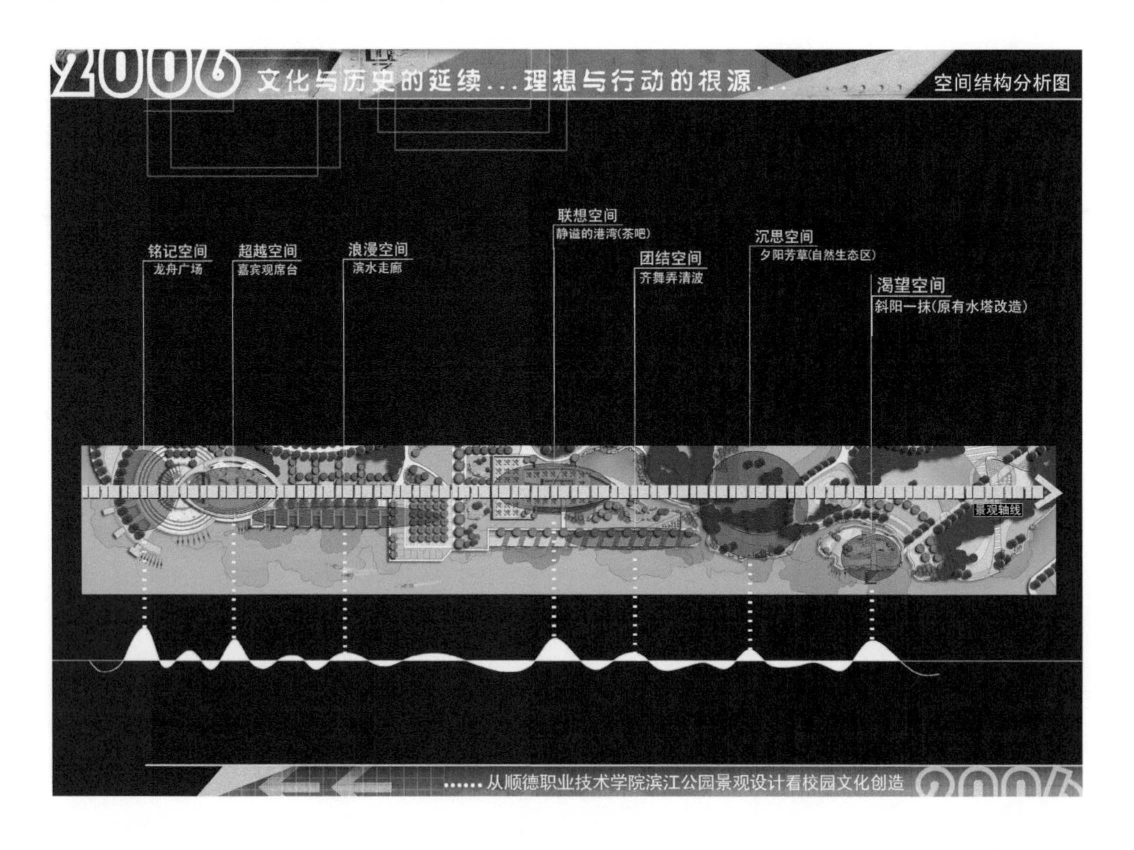
2006 文化与历史的延续…理想与行动的根源…
空间结构分析图
联想空间
静谧的港湾(茶吧)
铭记空间
龙舟广场
超越空间
嘉宾观席台
浪漫空间
滨水走廊
团结空间
齐舞弄清波
沉思空间
夕阳芳草(自然生态区)
渴望空间
斜阳一抹(原有水塔改造)
景观轴线
……从顺德职业技术学院滨江公园景观设计看校园文化创造

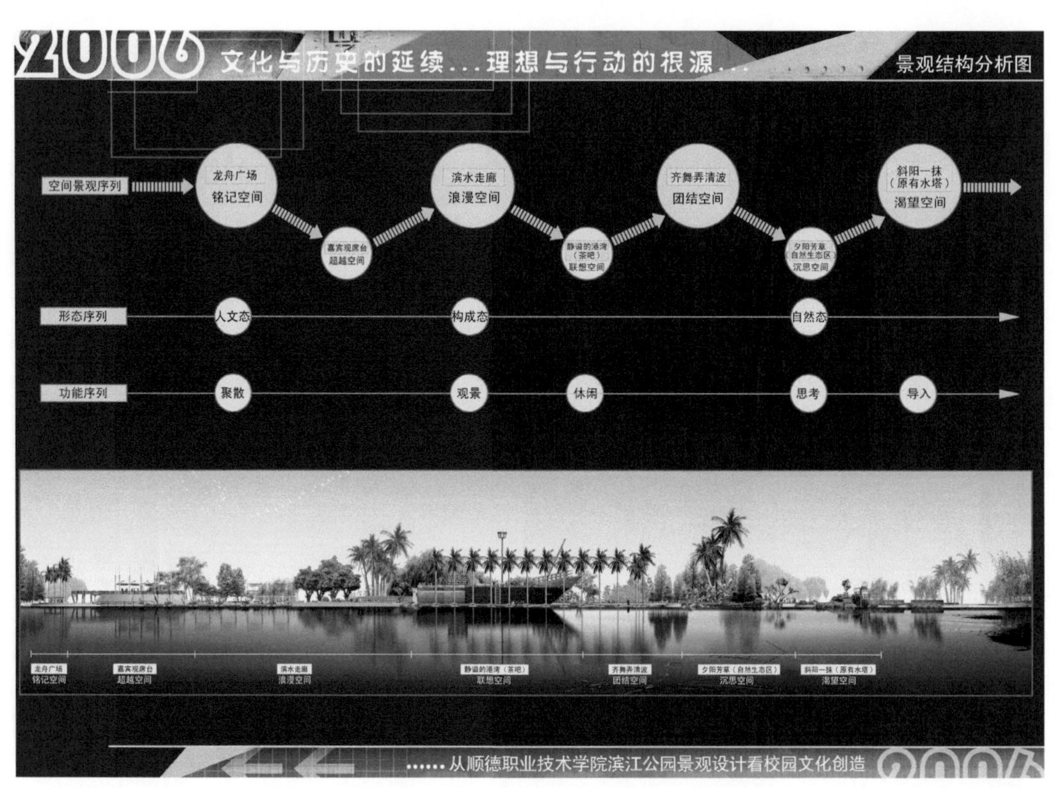
2006 文化与历史的延续…理想与行动的根源…
景观结构分析图
空间景观序列
龙舟广场
铭记空间
嘉宾观席台
超越空间
滨水走廊
浪漫空间
静谧的港湾（茶吧）
联想空间
齐舞弄清波
团结空间
夕阳芳草自然生态区
沉思空间
斜阳一抹（原有水塔）
渴望空间
形态序列
人文态
构成态
自然态
功能序列
聚散
观景
休闲
思考
导入
龙舟广场
铭记空间
嘉宾观席台
超越空间
滨水走廊
浪漫空间
静谧的港湾（茶吧）
联想空间
齐舞弄清波
团结空间
夕阳芳草（自然生态区）
沉思空间
斜阳一抹（原有水塔）
渴望空间
……从顺德职业技术学院滨江公园景观设计看校园文化创造

2006
文化与历史的延续...理想与行动的根源...
总平面图
碧桂湖
亲水平台
入口广场
主入口
风筝草坪
艺术景墙
健身步道
夏日闲情
流光溢彩
次入口
嘉宾观席台
龙舟码头
望月台
桂畔河
......从顺德职业技术学院滨江公园景观设计看校园文化创造

2006
文化与历史的延续...理想与行动的根源...
公园鸟瞰图
......从顺德职业技术学院滨江公园景观设计看校园文化创造

2006 文化与历史的延续...理想与行动的根源...
滨水林荫广场效果
......从顺德职业技术学院滨江公园景观设计看校园文化创造

2006 文化与历史的延续...理想与行动的根源...
驳岸形式分析图
生态式：以细沙为主
生态式：以置石与木桩为主
人工式：以阶梯平台为主
生态式：以清水栈台为主
生态式：滋生植物群落为主
人工式：以观景平台为主
自然式：以棕榈植物群落为主
生态式：以河岸置石为主
......从顺德职业技术学院滨江公园景观设计看校园文化创造

2006
文化与历史的延续...理想与行动的根源...
构思概念(茶吧)效果
……从顺德职业技术学院滨江公园景观设计看校园文化创造

2006
文化与历史的延续...理想与行动的根源...
船茶吧方案
理想
行动
文化
历史
NORTHER EARTH ART HISTOTY OF DISTRI
船茶吧方案一
船茶吧方案二
船茶吧方案三
……从顺德职业技术学院滨江公园景观设计看校园文化创造

2006
文化与历史的延续...理想与行动的根源...
道路系统分析图
图例:
主要入口
次要入口
园区消防车道
园区休闲步道
校园主干道
观光滨水道
P 停车场
……从顺德职业技术学院滨江公园景观设计看校园文化创造

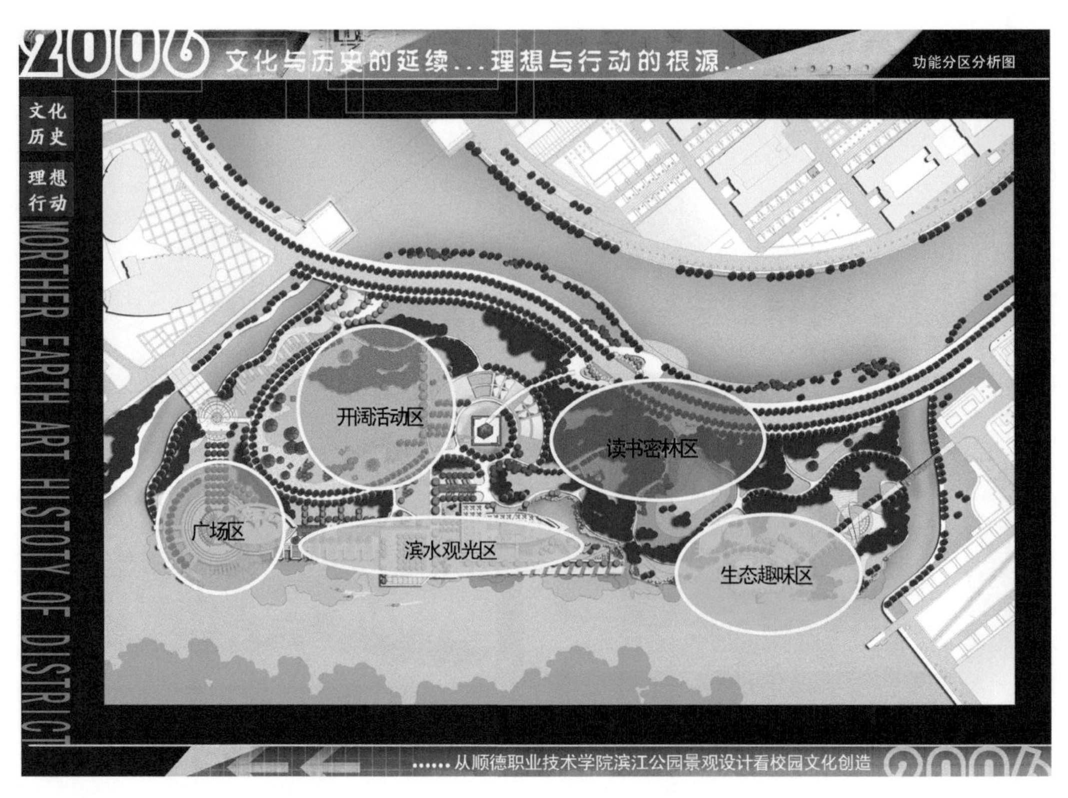
2006
文化与历史的延续...理想与行动的根源...
功能分区分析图
文化
历史
理想
行动
MORTHER EARTH ART HISTOTY OF DISTRICT
开阔活动区
读书密林区
广场区
滨水观光区
生态趣味区
……从顺德职业技术学院滨江公园景观设计看校园文化创造

2006
文化与历史的延续...理想与行动的根源...
效果篇
理想
行动
文化
历史
MORTHER EARTH ART HISTOTY OF DISTRI
......从顺德职业技术学院滨江公园景观设计看校园文化创造
嘉宾观席台

2006
文化与历史的延续...理想与行动的根源...
景点概念分析图
文化
历史
理想
行动
MORTHER EARTH ART HISTOTY OF DISTRICT
龙舟广场
嘉宾观席台
滨水走廊
望月台
林荫广场
健身步道
风筝草坪
静谧的港湾(茶吧)
齐舞弄清波
艺术景墙
夕阳芳草(自然生态区)
雕塑广场
艺术丘陵
斜阳一抹(原有水塔)
密林读书区
户外剧场
林荫步道
流光溢彩
夏日闲情
......从顺德职业技术学院滨江公园景观设计看校园文化创造

2006
文化与历史的延续...理想与行动的根源...
景点深化
理想
行动
文化
历史
MORTHER EARTH ART HISTOTY OF DISTRI
密林读书区断面图
停泊码头平面图
阶梯看台剖面
原有水塔艺术改造
嘉宾观席台剖面
滨水构架平台
滨水走廊剖面图
……从顺德职业技术学院滨江公园景观设计看校园文化创造

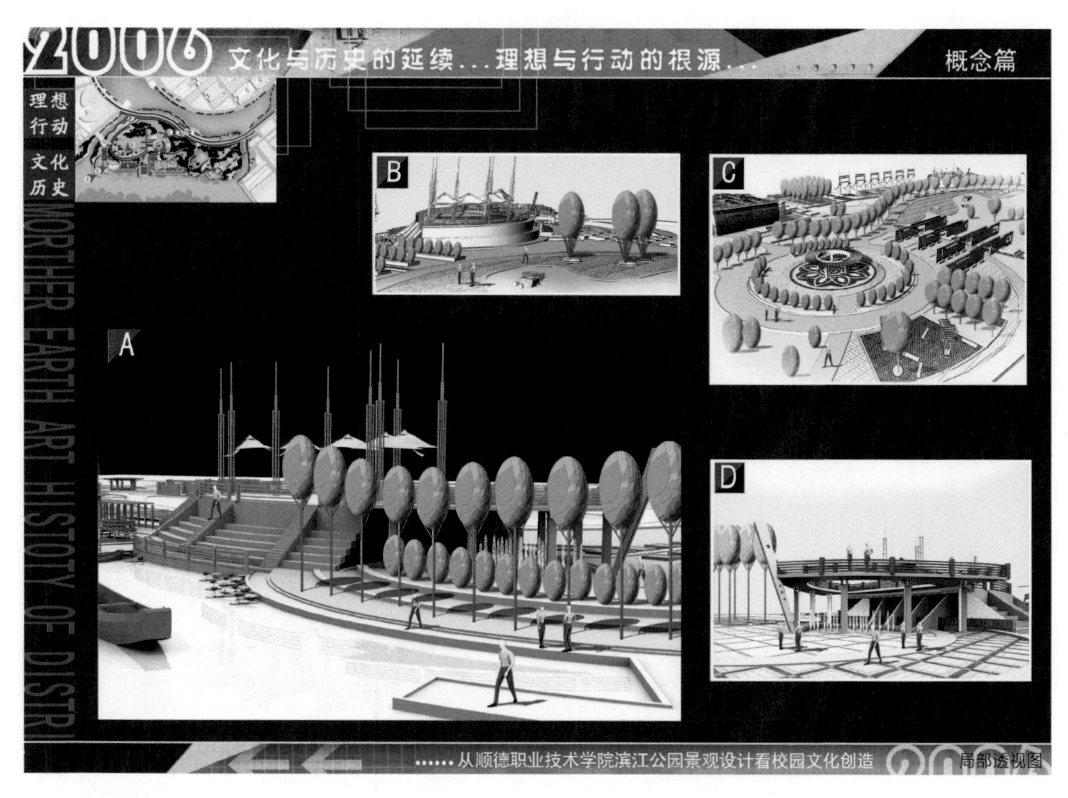
2006
文化与历史的延续...理想与行动的根源...
概念篇
理想
行动
文化
历史
MORTHER EARTH ART HISTOTY OF DISTRI
A
B
C
D
……从顺德职业技术学院滨江公园景观设计看校园文化创造
局部透视图

2006
文化与历史的延续...理想与行动的根源...
效果篇
理想
行动
文化
历史
MORTHER EARTH ART HISTOTY OF DISTRI
雕塑广场
A
B
中轴景观道
风筝广场
C
......从顺德职业技术学院滨江公园景观设计看校园文化创造
局部透视图

2006
文化与历史的延续...理想与行动的根源...
效果篇
理想
行动
文化
历史
MORTHER EARTH ART HISTOTY OF DISTRI
风筝草坪
B
A
滨水走廊
C
中轴景观道
......从顺德职业技术学院滨江公园景观设计看校园文化创造
局部透视图

2006
文化与历史的延续...理想与行动的根源...
效果篇
理想
行动
文化
历史
NORTHER EARTH ART HISTOTY OF DISTRI
......从顺德职业技术学院滨江公园景观设计看校园文化创造
齐舞弄清波

2006
文化与历史的延续...理想与行动的根源...
湿生植物种植意向分析
滨水植物群落
浮生植物群落
沉水植物群落
高水位
常水位
低水位
......从顺德职业技术学院滨江公园景观设计看校园文化创造

2006
文化与历史的延续...理想与行动的根源...
视线走廊分析图
文化
历史
理想
行动
MORTHER EARTH ART HISTOTY OF DISTRICT
图例:
视觉焦点
景观轴线
视线
视线走廊
铭记空间
浪漫空间
团结空间
沉思空间
……从顺德职业技术学院滨江公园景观设计看校园文化创造

2006
文化与历史的延续...理想与行动的根源...
书香竹林立面
理想
行动
文化
历史
MORTHER EARTH ART HISTOTY OF DISTRI
书香竹林
……从顺德职业技术学院滨江公园景观设计看校园文化创造

2006
文化与历史的延续...理想与行动的根源...
休闲滨水步道
理想
行动
文化
历史
MORTHER EARTH ART HISTOTY OF DISTRI
……从顺德职业技术学院滨江公园景观设计看校园文化创造

2006
文化与历史的延续...理想与行动的根源...
沿岸景观效果图
……从顺德职业技术学院滨江公园景观设计看校园文化创造

2006
文化与历史的延续...理想与行动的根源...
效果篇
......从顺德职业技术学院滨江公园景观设计看校园文化创造
滨江夜色效果

2006
文化与历史的延续...理想与行动的根源...
原有水塔改造效果
文化
历史
理想
行动
ART HISTOTY OF DISTRICT
......从顺德职业技术学院滨江公园景观设计看校园文化创造

2006
文化与历史的延续...理想与行动的根源...
滨江鸟瞰图
理想
行动
文化
历史
NORTHER EARTH ART HISTORY OF DISTRI
……从顺德职业技术学院滨江公园景观设计看校园文化创造

●以花田为伴，聆听乡村之音——南海南港明轩居住设计

设计者：2007届刘永星、梁红梅、蔡振明、陈锦嫦、谭碧燕
指导教师：郑燕宁、江芳

（该作品是校企合作的横向科研项目，获得第二届全国高校景观设计作品展优秀奖，2007年顺德职业技术学院优秀毕业设计）

一、现状

小区周围被车道所围绕，带来噪声和空气污染等问题。南港明轩小区周边都被高低不等的建筑物所围绕，周边建筑物都属于居住型建筑，比较难在当中形成自我特色。建筑排布比较密，空间形态上显得比较挤。小区建筑带有商业建筑，会在周边形成较大人流。

由于小区建筑相对比较高，导致有部分绿地光照比较少。这是一个用花和当地野草等最经济的元素来营造一个小区环境的方案；试图对庄稼、野草和居住生活做一个重新的认识，让居民在一个现代城市环境感受生活的同时，能感受自然的过程、四时的演变、作物的春秋。并通过旧材料的再利用，感受历史的延续。

二、设计理念

住宅的本意是静默养气，安身立命，指生活和精神有所依托。我们在居住的房子里面，消磨着生命的时光，我们通过选择住宅选择了自己的生活方式，而住宅的本身也改变着我们的生活方式。设计师在改地块中对小区的设计理念就是设计对生活方式的导向。

（1）以“水”为线通过穿、透、掩、映等中国传统造园手法，把中国园林、西方园林及现代园林融为一体，尽现现代居住景观舒适感。

（2）以“花”为轴，聆听人类对自然的感悟和对历史的回溯，强调人与自然的交流和历史文化的延续，体现景园布置的整体节奏感。

（3）以“人”为点，强调景观中“动”“静”的有机结合，以及景观的渗透感和人为的参与感。

三、景观构架

整个设计的景观布局主要是由一条景观走廊，一条流动的花田，六大景园，多个景观节点组成。本方案在设计初期，结合楼盘的本身定位——“南港名轩”、

中高档楼盘，提出了以一条景观走廊，向周围各座楼盘穿插与渗透，营造一个自然的、生态型的凝聚人气的生活社区的这样一个理念，从功能上和品赏方面提升社区整体的人气值，以“水”为线，以“花”为轴，以“人”为点，融入其历史文化及其居住文化，通过景观微地形的处理和植栽的精心搭配，使整个社区整体更具品位和价值。在景观整体布局形式上，本方案结合消防交通路网和景观主轴的分布，形成了以中心主轴的骨架，贯穿不同风格庭院布局，利用花田、水流做纽带，强化了景观的主题。一条景观走廊：沿着建筑布局的消防通道，利用中国古典园林的造景手法，结合功能特性，如入口广场阶梯花田遍植紫色的薰衣草，园溪两岸种植龟背竹、春羽、兰花、迎春，在感觉、视觉和听觉上感受居住小区，绿地——“领土”有限“领空”无限，空气——“清新”“香气宜人”，光线——既“科学”又“浪漫”，环境——“独立”“安静”，声音——来自于大自然的交响乐。将休闲绿地的设计和南海内在的文化历史精神融为一体，将自然景观与居住区可持续的发展宏观理念有机交融在一起，虚实相生，开拓出深邃的意境，令人流连忘返。

四、景观系统设计内容

1. 道路系统

依照建筑布局，设计以弧形为元素来设计道路。并在满足消防的情况下，尽量减少硬化铺地，增加绿化面积。道路铺砖追求形式丰富多样，通过的圆点（广场）、线（小径）、面（亲水平台）的铺砖组合设计，使整个小区显得更加自然和谐。

2. 绿化系统

以这个地域现存的元素为基础，通过研究当地的土质和植被，结合本方案的主题来进行植栽和水系等设计，同时混合外来的材料，从而形成一个本地与外地特色相结合的多色网络，在小区漫步的时候映入眼帘的是绿色和大片的花。中心绿地设计，在这块大型绿化地带上，分3个层次布置。

第一层次（点）：点植高大遮阳常绿乔木，如凤凰木、大叶榕、枫香等。

第二层次（丛）：在第一层次周围种植小乔木果树和花灌木，果树以杧果、杏树、桃等为主，既美观又实惠，花灌木品种繁多，尽量将花期不同的植物种在一起，春天开花的植物有：杜鹃、玉兰、含笑、樱花、海棠、迎春、连翘等，夏天开花的植物有荷花、广玉兰、栀子、石榴、木槿、紫薇、银杏、桂花等，冬景主要观花树种为山茶、海桐、黄杨等。四季都有鲜花盛开，不但美观，而且鲜花的香味可用来进行体疗。花气袭人治百病，如桂花香味沁人心脾，使疲劳顿消，玫瑰花香使人镇静，米兰使人赏心悦目，特别是凤尾兰，对污染气体有特强抗性和净化能力。

第三层次（片）：弧形、长方形等多种几何图形的花田种植既美观又有清香的薰衣草及美丽的油菜花。地被由地花生、雪茄花、葱兰、麦冬、鸢尾分块布置，组成不规则的多种几何图形，做到黄土不见天。边缘铺上一层马尼拉草，使泥土不会因受雨水冲刷而流失，而且草坪还能灭菌，恢复眼睛疲劳，吸收二氧化硫、汞蒸气、氟化氢、太阳辐射及灰尘，释放出氧气。

选择有小果、小种子的植物，招引鸟类。栽植一定数量的结果实和种子的植物，能模拟出自然景观，引来鸟类，形成“鸟语花香”的环境，如：桃李、荔枝、柳树等。

3. 园林小品及雕塑

根据绿地整体的环境特色，结合景观主题和功能需要设置一些园林小品及雕塑。园林小品的设计力求在造型、体量、色系色彩上与小区总体环境的立意和绿地效果相协调，同时突出园林小品的个性和地方特色。在选材上利用自然材料与人工材料相结合的原则，突出材料的自然美和质感。雕塑的设计强调与周边环境融合，起到画龙点睛的作用，并要求采用现代简洁的造型和材料。

4. 给排水设计

本工程日用水主要为绿化灌用水，水景小品及水系统等处补水，水源取自市政给水管网（若有可能则取地下水补给）。绿地用水采用埋地式自动浇灌系统，每隔10～15米设置一个洒水栓，由管道连接，设计绿化用水系统的管道均敷设在绿地内，埋管深度为0.4～0.6米。在中央大面积铺砖地块，设置雨水口，以收集地面积水，并通过管网组织，就近排至道路上市政雨水系统。

5.灯光设计

灯光设计主要包括：庭院照明、建筑之间景点照明、广场照明、水景照明及建筑物立面装饰照明等。庭院照明主要采用庭院灯和草坪灯，满足主要道路的夜间照明。广场是可供短暂休息的场所，局部上地埋灯，以更好地勾画出广场造型。为提高观赏效果，在各小品周围设置景观灯，并配以多种颜色的地灯，结合其照树灯的效果，而使景观的夜景效果更加突出。配合周围的效果，在水底设水底灯、侧壁灯、喷泉灯等，使景观更加丰富。

五、结语

在小区的规划设计中，景观设计皆应以人为本，尊重人的需求、提升人的精神，提升居住的精神。以花田为伴，聆听乡村之音设计，它是一个用乡土菜花和当地野草等最经济的元素来营造一个小区环境的方案；并通过旧材料的再利用，感受历史的延续。达到了生态设计中的“适合主义”的效果，对现在盲目地增加开发商造价的小区设计也是一个亮点。

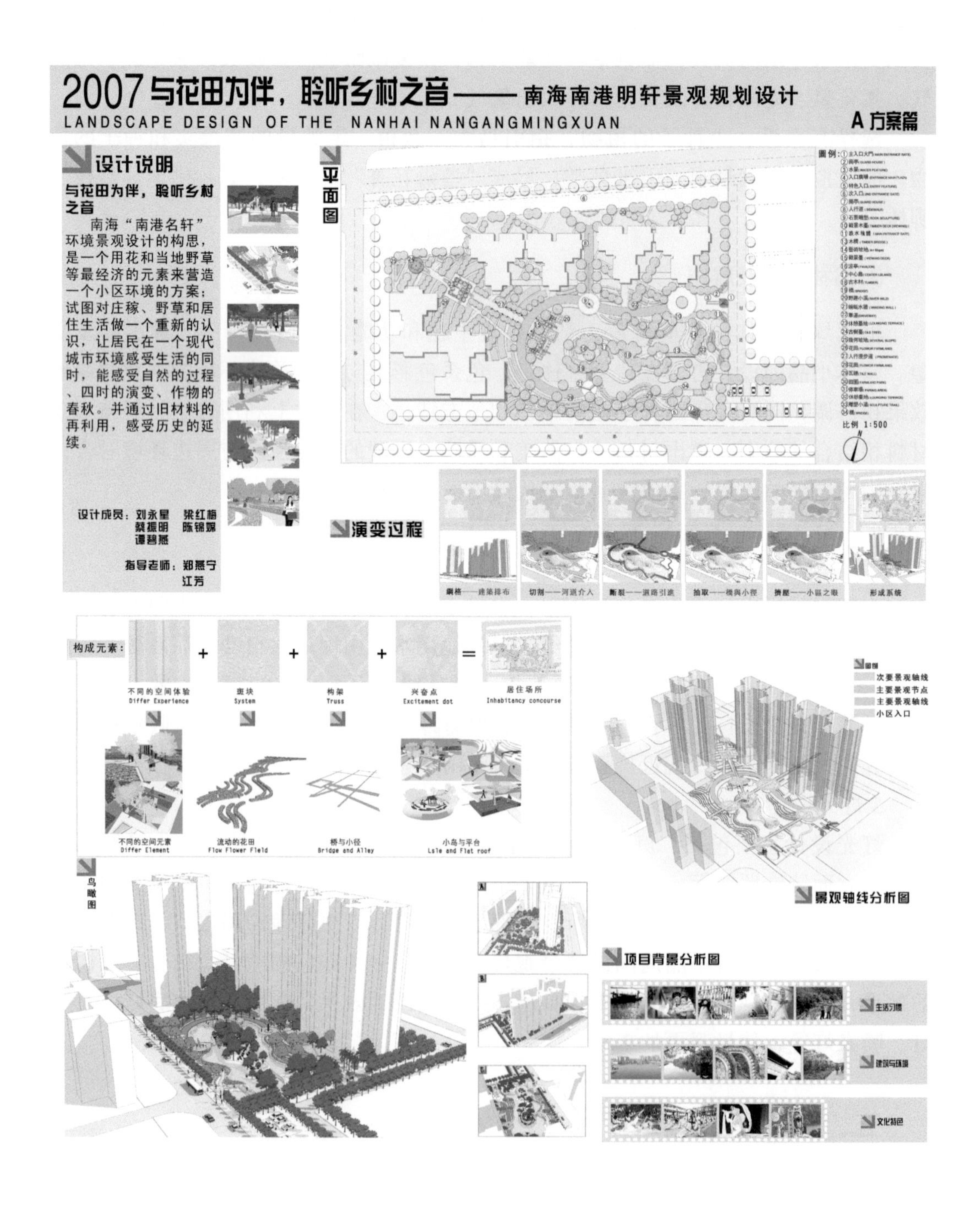

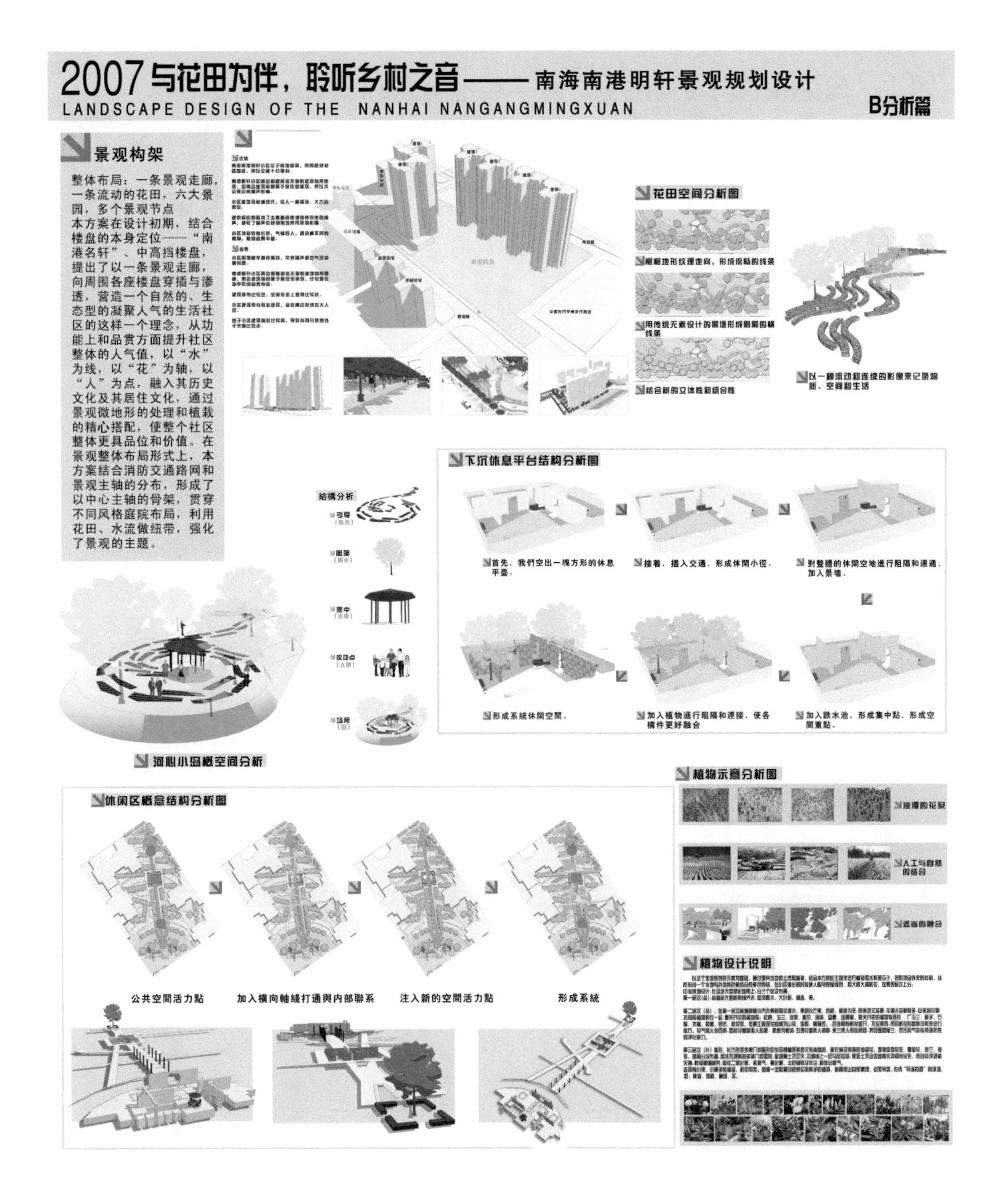
2007与花田为伴，聆听乡村之音——南海南港明轩景观规划设计
LANDSCAPE DESIGN OF THE NANHAI NANGANGMINGXUAN
B分析篇
景观构架
整体布局：一条景观走廊，一条流动的花田，六大景园，多个景观节点
本方案在设计初期，结合楼盘的本身定位——“南港名轩”、中高挡楼盘，提出了以一条景观走廊，向周围各座楼盘穿插与渗透，营造一个自然的、生态型的凝聚人气的生活社区的这样一个理念，从功能上和品赏方面提升社区整体的人气值，以“水”为线，以“花”为轴，以“人”为点，融入其历史文化及其居住文化，通过景观微地形的处理和植栽的精心搭配，使整个社区整体更具品位和价值。在景观整体布局形式上，本方案结合消防交通路网和景观主轴的分布，形成了以中心主轴的骨架，贯穿不同风格庭院布局，利用花田、水流做纽带，强化了景观的主题。
花田空间分析图
用传统元素设计的景墙形成阻隔的横线条
结合树的立体性和组合性
以一种流动和连续的影像来记录物质、空间和生活
下沉休息平台结构分析图
结构分析
首先，我们空出一块方形的休息平台。
接着，插入交通，形成休閒小徑。
对整体的休閒空地進行阻隔和連通，加入景墙。
形成系統休閒空間。
加入植物進行阻隔和連接，使各構件更好融合
加入跌水池，形成集中點，形成空間重點。
河心小岛概空间分析
休闲区概念结构分析图
公共空間活力點
加入橫向軸綫打通與內部聯系
注入新的空間活力點
形成系統
植物示意分析图
浪漫的花泵
人工与自然的结合
适当的融合
植物设计说明

2007 与花田为伴，聆听乡村之音——南海南港明轩景观规划设计
LANDSCAPE DESIGN OF THE NANHAI NANGANGMINGXUAN
c 效果篇
主入口效果图 A
休息木平台效果图 B
花田人视效果图 C
河心岛效果图 D
车行道效果图 E
北入口石墩效果图 F
消防车道效果图 G
次入口效果图 H

2007 与花田为伴，聆听乡村之音——南海南港明轩景观规划设计
LANDSCAPE DESIGN OF THE NANHAI NANGANGMINGXUAN
D 效果篇
休闲平台效果图 A
休闲小径效果图 B
休闲主道效果图 C
下沉平台效果图 D
小径水池效果图 E
下沉平台小径效果图 F

●聆听绿色呼吸——海南中能化度假酒店景观设计

设计者：2012届谢小波、杨继江、梁丽轩、黎子锋、麦永明
指导教师：江芳、郑燕宁

（该作品是校企合作实际项目，获得第七届全国高职高专建筑设计类专业优秀毕业设计大赛的铜奖）

●原貌——夏令营活动基地景观规划设计

设计者：2012届李凯发
指导教师：徐冬

人类生活在一定的生态环境之中，生态环境是人类社会经济可持续发展的基础，良好的生态是人类生存和生活的必要条件之一。通过建立夏令营活动基地，让人类更加接近生态，让人类学习如何保护生态。

强烈的人类活动已改变了景观中的稳定成分（如植被）与不稳定成分（如土壤），主要表现为土地覆盖景观或土地镶嵌类型的变化。对这种异质性程度低、格局粗粒化、稳定性差的景观，通过恢复与重建，建立适于人类生存与发展的可持续发展景观模式，可控制和改善生态脆弱区景观的演化，增加景观异质性和稳定性，对区域生态安全格局的构建具有重要的现实意义和生态意义以生物基本的结构演化融入设计，令生态林中错落的种群得以连接，使生态景观可以迅速恢复。

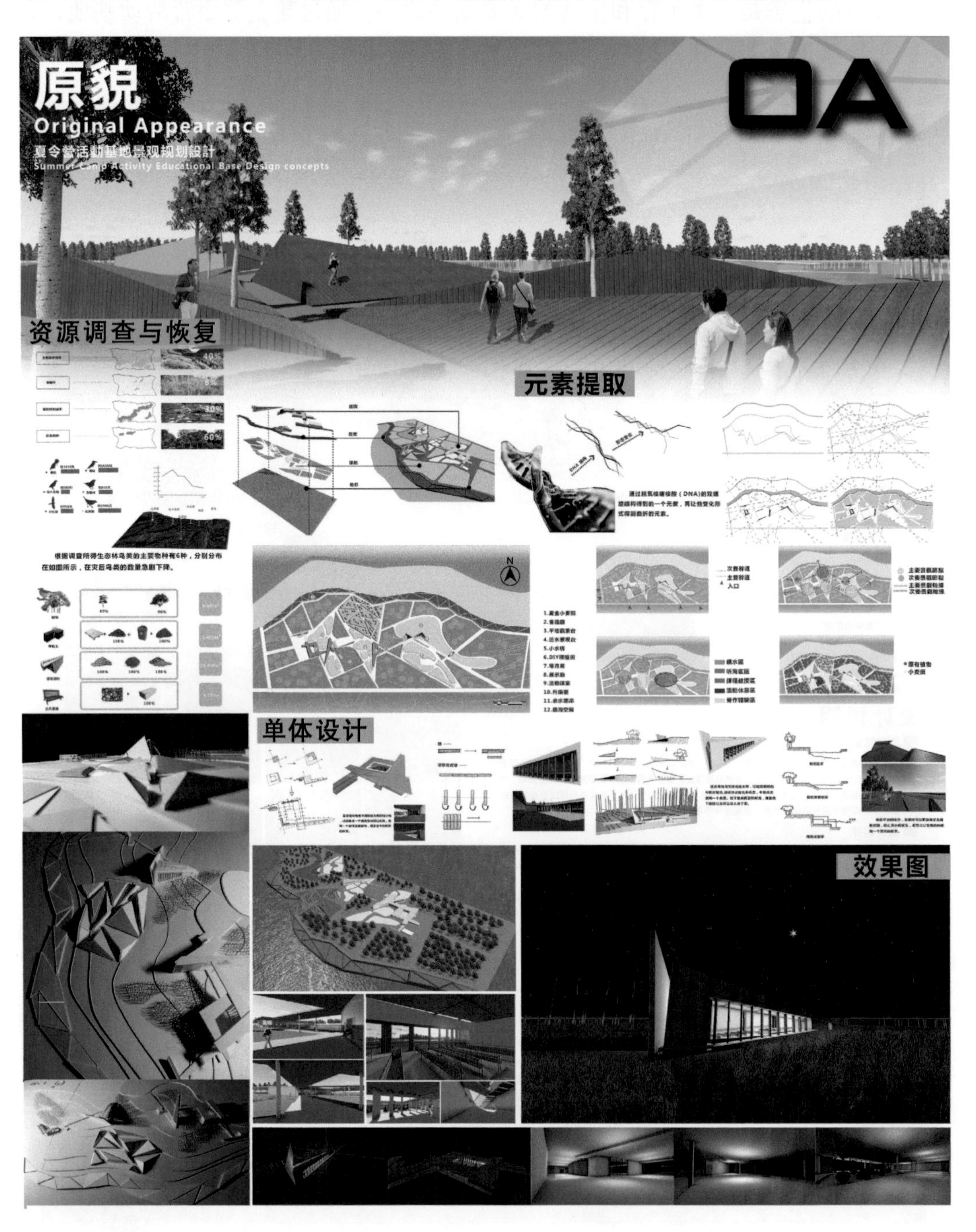

●行止茶园——英德茗谦茶园景观规划设计

设计者：2012届吴文杰、汪俊宝、廖惠诗、叶敏莹、宋嘉成

指导教师：江芳、郑燕宁

（该作品是校企合作实际横向项目，获得2012年顺德职业技术学院优秀毕业设计）

行止茶园集传统茶园与新式科学茶园的特色茶园布局与环境协调一致，将高雅与简约、生产与体验有机地结合起来，兼顾了生产管理与休闲观光的需求，将传统农事上升为一种艺术活动的新式茶园，达到一园多用，一园多效，进行绿色循环、发展先进生产力的目的。

品茶室、客栈的设计具有简约禅系特色的同时又具有新时代科学茶园的设计感。置身茶园，可信步廊道游道，欣赏茶涌绿波，林木掩映，青山绿水，蔚为壮观的茶园风光。

设计的茶园文化内核抽取自《诗经》。后司马迁《史记·孔子世家》专门引以赞美孔子的句子：高山仰止，景行行止。

大致的意思是赞颂品行才学像高山一样，要人仰视，而让人不禁按照他的举止作为行为准则。

茶在中国人的生命演进史中占据着重要的地位，而见贤思齐这样内心的道德律同样如是，故我们从这两种行为习惯抽取出“行止”这样的核心观点串联我们的茶园设计。

场地现状

原始区域示意

由分析图可看出，茶园视野开阔，有充足的茶园基地。连绵的山脉、起伏地势，有较高的可塑性，为日后的设计改造形营造出一个优势。

As can be seen from the analysis of the map, the tea garden has a wide field of vision and ample tea plantation base.
The continuous mountains and rolling terrain have a high degree of plasticity,
which creates an advantage for the design and transformation of the future.

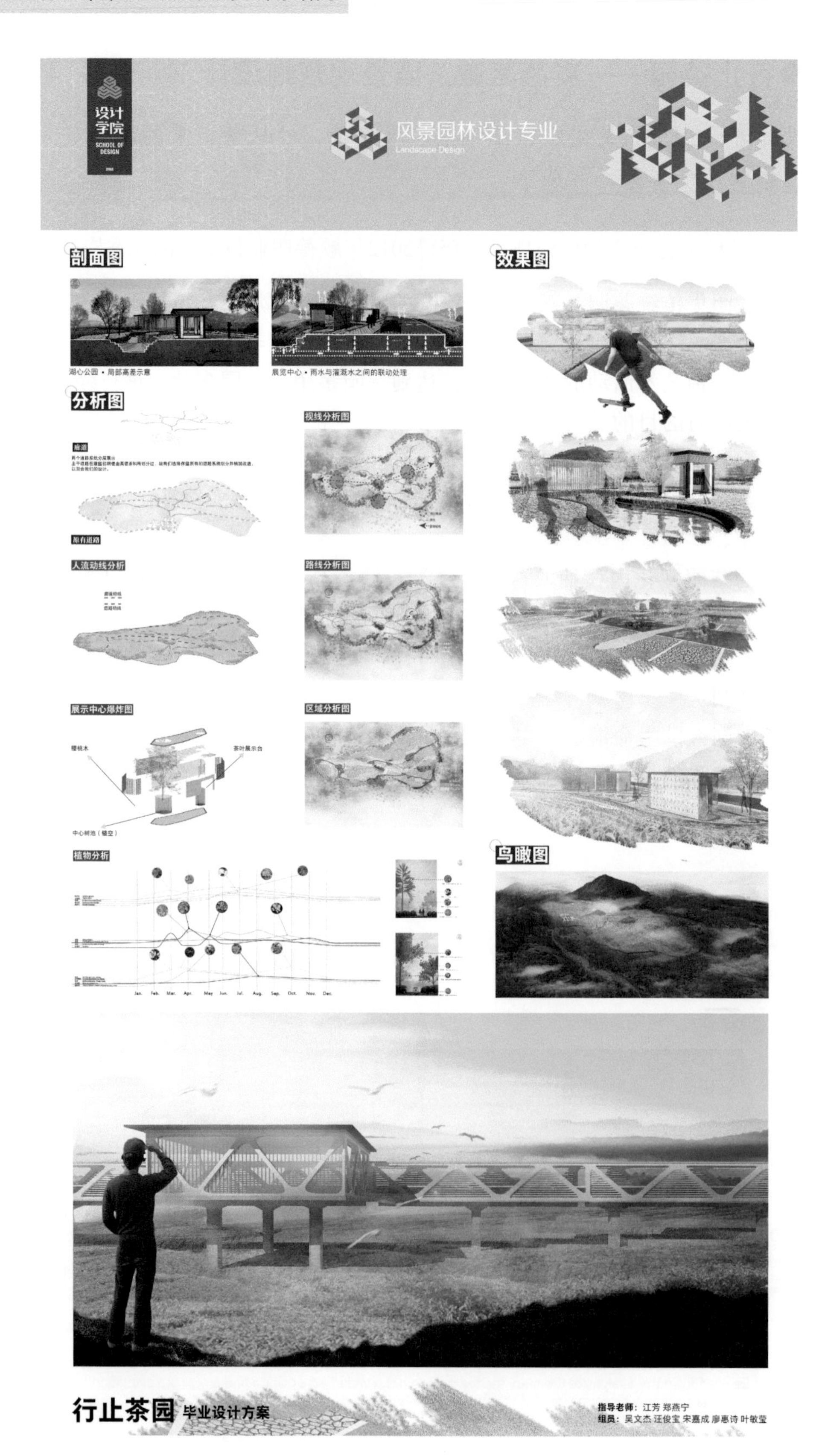
设计学院
SCHOOL OF DESIGN
风景园林设计专业
Landscape Design
剖面图
湖心公园·局部高差示意
展览中心·雨水与灌溉水之间的联动处理
效果图
分析图
视线分析图
原有道路
人流动线分析
路线分析图
展示中心爆炸图
樱桃木
茶叶展示台
中心树池（镂空）
区域分析图
植物分析
Jan. Feb. Mar. Apr. May Jun. Jul. Aug. Sep. Oct. Nov. Dec.
鸟瞰图
行止茶园 毕业设计方案
指导老师：江芳 郑燕宁
组员：吴文杰 汪俊宝 宋嘉成 廖惠诗 叶敏莹

设计学院
SCHOOL OF DESIGN
风景园林设计专业
Landscape Design
1 入口广场 Entrance Square
2 停车场 Parking Lot
3 揽胜茶坊 LANSHENG Tea House
4 廊桥遗梦 Bridges with Dreams
5 民宿 Homestay
6 茶艺区 Tea Art Performing Area
7 服务中心 Service Center
8 景行山房 JINGXING Tea Room
9 产品展示区 Product Showcase
10 民俗文化区 Folk Culture Viewing Area
11 戏水平台 Water platform
12 长眺远歌 The Highest Viewing Platform
13 食茶悦色 Teahouse
14 民宿管理中心 Accommodation Management Office
NORTH
1:1000
设计理念
文化的内壳来源
茶园文化内核抽取自《诗经》。
茶在中国人的生命演进史中占据着重要的地位，而见贤思齐这样内心的道德律同样如是，故我们从这两种行为习惯抽取出“行止”这样的核心观点串联我们的茶园设计。
行止茶园集传统茶园与新式科学茶园的特色茶园，
布局与环境协调一致，将高雅与简约、生产与体验有机地结合起来，
兼顾了生产管理与休闲观光的需求，将传统农事上升为一种艺术活动的新式茶园，
达到一园多用，一园多效，进行绿色循环、先进生产力的目的。
品茶室、客栈的设计具有简约风格的同时又具有新时代科学茶园的设计感。
置身茶园，可信步廊道游道，欣赏茶涌绿波，林木掩映，青山绿水，蔚为壮观的茶园风光。
道路划分演变
* 我们从茶叶的树根抽取出元素，以外延的枝干引申为场地的伸展力。
同时赋予茶园以科学化的生产管理系统以及具有新式茶园特征的设计。
基地分析
横石塘镇位于英德市西北部，距离市区30千米，有一条公路与市区相通，全镇总面积203.2平方千米，辖区有11个村民委员会和1个居民委员会，总人口22955人，全镇劳动力11314人。
基地所在位置与客运站点距离较远，交通设施不是非常的完善，从英德西站到茶园有一定的距离。
场地现状
视线开阔
充足的茶园基地
电线杆位置
原始厂房
起伏地势
连绵山脉
由分析图可看出，茶园视野开阔，有充足的茶园基地。
连绵的山脉、起伏地势，有较高的可塑性，为日后的设计改造形营造出一个优势。
土壤分析
土壤中含铁成分被氧化成氧化铁，呈红色，非常适合英德茶树品种的种植和生长
设计愿景
设计过程
沐浴在自然中重拾对生活美的感悟
涵养水土，预防水土流失。
设计手法
建筑顶层镂空
建筑植物镶嵌
植物与小品联动
动与静
动 中心区域
静 民宿区
静 安静休息区域
动 入口广场
* 园区内我们根据各个年龄层的人流量划分了四大动静的区域，游客可以在动与静的交替中感受茶园中的静谧之美与活动的乐趣。
行止茶园 毕业设计方案
指导老师：江芳 郑燕宁
组员：吴文杰 汪俊宝 宋嘉成 廖惠诗 叶敏莹

后　记

本书是2000年来教学与科研的结晶，并历时3年多的集中工作和反反复复修改，成稿，排版，定稿。原来计划本书是庆祝专业成立20周年的成果，却好事多磨，历经坎坷，这个专业从最少的人数“城市园林与花卉”到校级重点专业“园林技术”，再到省级重点专业建设验收之后改名“风景园林设计”，真的是痛并快乐着。在此感谢顺德职业技术学院所有老师和本专业所有的学生，鉴于版面问题不能全部登出大家的作品，特别感谢叶春涛同学，他的诚实、正直、拼搏与才华一直是同学们学习的榜样。

景观是一本书，一本关于人类社会和自然交流的书；是一个故事，讲述了人与人、人与自然的爱和恨，战争与和平的历史与经验；是一首诗，用最精美简洁的语言，表述了人类最深层的情感；是一幅画，向人类展示自然与社会精彩的瞬间。

中国快速的城市化进程，给中国的风景园林设计专业提出了严峻的挑战，同时也是难得的发展机会。中国风景园林设计专业存在着广阔的潜在空间，中国风景园林设计专业从环境与社会现实的需求为出发点，把握专业发展的历史机遇，勇敢承担起整体人类生态系统设计的重任。

所以在这里，希望每一个刚刚踏入校门的风景园林设计专业的同学，经过3年的大学生涯，都能够成为一名优秀的风景园林设计师、工程师。衷心的祝福所有的学生们都成为一棵大树，一棵有着思想的大树，为人类，为自然，为自己的使命，欣欣向荣，正直茂盛……

著　者

2019年1月